Pythonからはじめる数学入門

Amit Saha 著

黒川 利明 訳

本書で使用するシステム名、製品名は、それぞれ各社の商標、または登録商標です。
なお、本文中では™、®、©マークは省略している場合もあります。

DOING MATH WITH PYTHON

Use Programming to Explore Algebra, Statistics, Calculus, and More!

by Amit Saha

San Francisco

Copyright ©2015 by Amit Saha. Title of English-language original: Doing Math with Python ISBN978-1-59327-640-9, published by No Starch Press. Japanese-language edition copyright ©2016 by O'Reilly Japan, Inc. All rights reserved.

本書は、株式会社オライリー・ジャパンがNo Starch Press, Inc.の許諾に基づき翻訳したものです。日本語版についての権利は、株式会社オライリー・ジャパンが保有します。

日本語版の内容について、株式会社オライリー・ジャパンは最大限の努力をもって正確を期していますが、本書の内容に基づく運用結果については責任を負いかねますので、ご了承ください。

私のことをずっと信じてくれた
プロティアーシャに本書を捧げる

日本語版まえがき

　日本の読者のみなさんに日本語に翻訳された本の紹介ができるのは大変名誉なことだと感じています。私には日本を訪問する機会がまだ来ないのですが、私の本の方が先にみなさんを訪問します。そのうちに、私もみなさん方の素晴らしい国を訪れたいと思っています。

　この本は世界中の読者を念頭に置いて書きましたから、日本のみなさんにも楽しんでいただけると思います。先生方には、本書が補助教材として役立つと思います。自習しようという読者には、本書の内容が学習経験を豊かにし、さらに偉大な目標に向けて学ぶお手伝いができると思います。

　本書を手に取ってくださったことに心から感謝しています。お手伝いできることがあれば何なりとお申し出ください。読者のみなさんの感想や、コメント、こうした方がいいという助言などすべて、私宛に遠慮なくお伝えください[※1]。

アミット・サハ

※1　訳注：著者のメールアドレスは、amitsaha.in@gmail.com

謝辞

本書作成に携わったNo Starch Pressの全員に感謝します。本書のアイデアについてBill PollockとTyler Ortmanと交わした最初のメールからすべてが始まり、残りのプロセスを彼らと一緒に楽しく仕事できました。Seph Kramerの技術的洞察と示唆は驚くべきもので、Riley Hoffmanは几帳面にチェックしてすべてを校正してくれました。この優れた2人の助力がなければ本書が出来上がらなかったといっても過言ではありません。Jeremy KunとOtis Chodoshは、すべての数式が問題ないか洞察力をもって確かめてくれました。コピーエディタのJulianne Jigourにもその完璧な仕事に感謝します。

SymPyが本書の多くの章で中心的な役割を果たしています。私の質問に我慢強く答えてくれて、修正をすぐ見てくれたSymPyメーリングリストの全員に感謝します。matplotlibコミュニティにも、私の疑問に答えてくれたことに感謝します。

David AshがMacBookを貸してくれたので、ソフトウェアインストールの操作方法を書く上で役立ちました。感謝しています。

ウェブページから大好きな本まで、書くことを私に啓発してくれたすべての著者たちと考えを深めてくれた人々に改めて感謝を捧げます。

はじめに

　本書の目的は、最も大事な3つの主題 —— プログラミング、数学、そして科学 —— をひとまとめにして、読者のみなさんにお伝えすることです。正確に言うと、本書では、高校で学ぶ数学の内容をプログラムを使って科学する (programmatically explore) ということです。内容は、測定単位操作、放物運動、平均、中央値、最頻値の計算、単振り子運動、サイコロゲームのシミュレーション、図形の作成、極限の計算、関数の微分・積分などです。これらは、よくよく耳にするテーマだと思いますが、紙と鉛筆の代わりにコンピュータを使って学びます。

　数と式を入力とするプログラムを書いて、退屈な計算を実行し、解を出力したり、グラフを描きます。プログラムの中には、数学の問題を解く上で強力な電卓になるものもあります。いろいろな方程式の解を求めたり、データセット間の相関を計算したり、関数の最大値決定ができます。放物運動、硬貨投げ、サイコロ投げなど、実生活で起こる事象をシミュレーションするプログラムもあります。プログラムのシミュレーションで分析が容易になり、より多くを学ぶことができます。

　プログラムなしには、検討が非常に難しい事柄もあります。フラクタルを手で描くことが不可能ではありませんが非常に手間がかかり、ほとんど不可能に近いでしょう。プログラムなら、必要な処理を書いたforループを実行するだけで済みます。

　この「数学する (doing math)」新しい仕組みによって、プログラミングと数学を同時に学ぶことが、もっとワクワクする、もっと楽しい、もっと役立つものになることをわかってもらえるだろうと期待しています。

本書の対象読者

　本書を読むと、プログラミングを学びたい人は、コンピュータを使って問題を解く方法を理解できます。プログラミングを教える立場の方でも、同様に、プログラミングスキルがコンピュータサイエンスという抽象的な枠組みを超えて有用であることを示してくれるでしょう。

　本書は、Python 3を使ったPythonプログラミングの基本知識を読者が備えていることを前提としています。具体的には、関数、関数の引数、Pythonのクラスとクラスオブジェクトという概念、ループは理解しているものとします。付録Bでは、本書のプログラムで使うその他のPythonの機能について述べており、これらの機能についての知識は前提としていません。Pythonについてさらに基本的なことを身につけたいと思ったなら、Jason Briggs著、『たのしいプログラミング Pythonではじめよう！』（オーム社、2014）を読むとよいでしょう。

本書の内容

　本書は7つの章と2つの付録からなります。各章の終わりには「プログラミングチャレンジ」と題した演習問題がありますので、ぜひ試してください。自分でプログラムを書くことから多くのことが学べるはずです。問題の中には新たな分野への挑戦を必要とするものもありますが、これで知識が一層深く広くなると思います。

「1章 数を扱う」

　基礎的な数学演算から始めて、徐々に高度な数学知識を要求するテーマを扱います。

「2章 データをグラフで可視化する」

　matplotlibライブラリを使って、データセットからグラフを生成する方法を説明します。

「3章 データを統計量で記述する」

　データセットの処理の続きで、平均、中央値、最頻値という基本統計概念と、データセットの変数の線形相関を扱います。データセット配布の一般的な形式であるCSVファイルからデータを処理する方法も学びます。

「4章 SymPyで代数と式を計算する」
> SymPyライブラリを使って式の計算を学びます。代数式の基本的な表現と操作から始めて、方程式を解くような複雑なことを行います。

「5章 集合と確率を操作する」
> 数学上の集合の表現を論じてから基本的な離散確率に進みます。一様および非一様なランダム事象のシミュレーションについても学びます。

「6章 幾何図形とフラクタルを描画する」
> matplotlibライブラリを使って、幾何図形とフラクタルの描画さらにアニメーションの作り方を説明します。

「7章 初等解析問題を解く」
> Pythonの標準ライブラリとSymPyで使える数学関数を論じてから、初級解析問題を解く方法を示します。

「付録A ソフトウェアのインストール」
> Python 3、matplotlib、SymPyをMicrosoft Windows、Linux、Mac OS Xにインストールする方法を述べます。

「付録B Pythonについて」
> 初心者に役立つPythonの話題をいくつか紹介します。

スクリプト、解答、ヒント

　本書にはサポートサイト https://www.nostarch.com/doingmathwithpython/ と https://doingmathwithpython.github.io/ があります。本書にあるすべてのプログラムとヒント、演習問題の解答がダウンロードできます。読者のみなさんに役立つと思われる、数学、科学、Pythonに関するリンクもありますし、本書の正誤表や改訂についての情報もあります。

　ソフトウェアは常に更新されます。Python、SymPy、matplotlibの新しいバージョンは、本書で示した機能を異なる方法で実行する可能性があります。ウェブサイトには、変更についての注意も掲載する予定です。

　本書によって、コンピュータプログラミングが以前よりももっと楽しくなり、もっ

と身近な存在になることを期待しています。さあ、数学を始めましょう！

本書の表記法

本書では、次の表記法を使います。

ゴシック（サンプル）
　新しい用語を示す。

等幅（`sample`）
　プログラムリストに使うほか、本文中でも変数、関数、データ型、文、キーワードなどのプログラム要素を表すために使う。

斜体の等幅（`sample`）
　ユーザが実際の値に置き換えて入力すべき部分、コンテキストによって決まる値に置き換えるべき部分、プログラム内のコメントを表す。

 ヒント、参考情報、メモを示す。

　コード中のコメントの日本語訳を コメント訳 として、該当コメントの近くに配置しました。
　また、プロット中のラベルや凡例の日本語訳を該当箇所の近くに配置しました。

問い合わせ先

本書に関するご意見、ご質問などは、出版社にお送りください。

　株式会社オライリー・ジャパン
　電子メール　japan@oreilly.co.jp

目次

日本語版まえがき ………………………………………………………… vii
謝辞 ……………………………………………………………………… ix
はじめに ………………………………………………………………… xi

1章　数を扱う　　1

1.1　基本数学演算 ……………………………………………………… 1
1.2　ラベル：名前に数を割り当てる ………………………………… 4
1.3　さまざまな種類の数 ……………………………………………… 4
　　1.3.1　分数を扱う ………………………………………………… 5
　　1.3.2　複素数 ……………………………………………………… 6
1.4　ユーザ入力を受け取る …………………………………………… 8
　　1.4.1　例外と不当入力の処理 …………………………………… 10
　　1.4.2　分数と複素数を入力 ……………………………………… 12
1.5　数学を行うプログラムを書く …………………………………… 13
　　1.5.1　整数の因数を計算する …………………………………… 13
　　1.5.2　乗算表を生成する ………………………………………… 16
　　1.5.3　測定単位を変換する ……………………………………… 19
　　1.5.4　2次方程式の解を求める ………………………………… 21
1.6　学んだこと ………………………………………………………… 24
1.7　プログラミングチャレンジ ……………………………………… 24
　　問題1-1　奇数偶数自動判別プログラム ……………………… 24
　　問題1-2　乗算表生成器の拡張 ………………………………… 25

		問題1-3 単位変換プログラムの拡張	25
		問題1-4 分数電卓	25
		問題1-5 ユーザに脱出能力を与える	26

2章　データをグラフで可視化する　29

2.1	デカルト座標平面を理解する	29
2.2	リストとタプルの操作	31
	2.2.1　リストやタプルで繰り返す	33
2.3	matplotlibでグラフを作る	34
	2.3.1　グラフで点を作る	35
	2.3.2　ニューヨーク市の年間平均気温をグラフ化する	37
	2.3.3　ニューヨーク市の月間気温傾向を比較する	39
	2.3.4　グラフのカスタマイズ	43
	2.3.5　プロットの保存	47
2.4	式をプロットする	48
	2.4.1　ニュートンの万有引力の法則	48
	2.4.2　投射運動	51
2.5	学んだこと	57
2.6	プログラミングチャレンジ	57
	問題2-1　1日の間に気温はどのように変化するか	57
	問題2-2　2次関数を視覚的に探索する	57
	問題2-3　投射軌跡比較プログラムの拡張	58
	問題2-4　支出を可視化する	59
	問題2-5　フィボナッチ数列と黄金比の関係を調べる	62

3章　データを統計量で記述する　65

3.1	平均を求める	65
3.2	中央値を求める	67
3.3	最頻値を求め度数分布表を作る	70
	3.3.1　一番多い要素を見つける	70
	3.3.2　最頻値を探す	71

		3.3.3	度数分布表を作る	73
3.4	散らばりを測る			76
		3.4.1	数集合の範囲を決める	76
		3.4.2	分散と標準偏差を求める	77
3.5	2つのデータセットの相関を計算する			81
		3.5.1	相関係数を計算する	81
		3.5.2	高校の成績と大学入試の点数	84
3.6	散布図			87
3.7	ファイルからデータを読み込む			89
		3.7.1	テキストファイルからデータを読み込む	90
		3.7.2	CSVファイルからデータを読み込む	92
3.8	学んだこと			95
3.9	プログラミングチャレンジ			95
		問題3-1	よりよい相関係数を求めるプログラム	95
		問題3-2	統計電卓	96
		問題3-3	他のCSVデータでの実験	96
		問題3-4	百分位を求める	96
		問題3-5	グループ度数分布表を作る	97

4章　SymPyで代数と式を計算する　99

4.1	式の記号と記号演算を定義する		99
4.2	式を扱う		102
	4.2.1	式の因数分解と展開	102
	4.2.2	プリティプリント	103
	4.2.3	値に代入する	107
	4.2.4	文字列を数式に変換する	110
4.3	方程式を解く		112
	4.3.1	2次方程式を解く	113
	4.3.2	1変数を他の変数について解く	114
	4.3.3	連立方程式を解く	115
4.4	SymPyを使ってプロットする		116

		4.4.1 ユーザが入力した式をプロットする	119
		4.4.2 複数の関数をプロットする	121
	4.5	学んだこと	123
	4.6	プログラミングチャレンジ	124
		問題4-1 因数ファインダ	124
		問題4-2 グラフを使った方程式ソルバー	124
		問題4-3 級数の和	124
		問題4-4 1変数の不等式を解く	125
		ヒント：役立つ関数	127

5章　集合と確率を操作する　129

	5.1	集合とは何か	129
		5.1.1 集合の構成	130
		5.1.2 部分集合、上位集合、べき集合	132
		5.1.3 集合演算	135
	5.2	確率	140
		5.2.1 事象Aまたは事象Bの確率	143
		5.2.2 事象Aおよび事象Bの確率	144
		5.2.3 乱数生成	144
		5.2.4 非一様乱数	148
	5.3	学んだこと	151
	5.4	プログラミングチャレンジ	151
		問題5-1 ベン図を使って集合の関係を可視化する	151
		問題5-2 大数の法則	154
		問題5-3 お金がなくなるまで何回硬貨を投げられるか	155
		問題5-4 トランプをよく切る	155
		問題5-5 円の領域を推定する	156
		πの値を推定する	157

6章　幾何図形とフラクタルを描画する　159

	6.1	matplotlibのパッチで幾何図形を描く	159

		6.1.1 円を描く	161
		6.1.2 図形のアニメーションを作る	163
		6.1.3 投射軌跡のアニメーション	166
	6.2	フラクタルを描く	168
		6.2.1 平面上の点の変換	169
		6.2.2 バーンスレイのシダを描く	174
	6.3	学んだこと	178
	6.4	プログラミングチャレンジ	179
		問題6-1 正方形に円を詰める	179
		問題6-2 シェルピンスキーの三角形	181
		問題6-3 エノンの関数を調べる	182
		問題6-4 マンデルブロ集合を描く	183
		imshow()関数	184
		リストのリストを作る	185
		マンデルブロ集合を描く	188

7章　初等解析問題を解く　191

- 7.1 関数とは何か　191
  - 7.1.1 関数の定義域と値域　192
  - 7.1.2 よく使われる数学関数　192
- 7.2 SymPyでの仮定　194
- 7.3 関数の極限を求める　195
  - 7.3.1 連続複利 (Continuous Compound Interest)　197
  - 7.3.2 瞬間変化率　198
- 7.4 関数の微分を求める　199
  - 7.4.1 微分電卓　200
  - 7.4.2 偏微分を求める　201
- 7.5 高階微分と極大極小の計算　202
- 7.6 勾配上昇法を用いて最大値を求める　205
  - 7.6.1 勾配上昇法のジェネリックなプログラム　209
  - 7.6.2 初期値について一言　211

	7.6.3	ステップサイズとイプシロンの役割	212
7.7		関数の積分を求める	215
7.8		確率密度関数	217
7.9		学んだこと	220
7.10		プログラミングチャレンジ	220
	問題7-1	ある点での関数の連続性を検証する	220
	問題7-2	勾配降下法を実装する	221
	問題7-3	2曲線で囲まれた領域の面積	222
	問題7-4	曲線の長さを求める	223

付録A　ソフトウェアのインストール　225

A.1	Microsoft Windows		226
	A.1.1	SymPyの更新	227
	A.1.2	matplotlib-vennのインストール	228
	A.1.3	Pythonシェルの開始	228
A.2	Linux		228
	A.2.1	SymPyの更新	229
	A.2.2	matplotlib-vennのインストール	229
	A.2.3	Pythonシェルの開始	230
A.3	Mac OS X		230
	A.3.1	SymPyの更新	233
	A.3.2	matplotlib-vennのインストール	233
	A.3.3	Pythonシェルの開始	233

付録B　Pythonについて　235

B.1	if __name__ == '__main__'		235
B.2	リスト内包表記		236
B.3	辞書データ構造		238
B.4	複数戻り値		240
B.5	例外処理		242
	B.5.1	複数の例外型を指定する	243

	B.5.2	elseブロック	244
B.6		Pythonでのファイル読み込み	245
	B.6.1	全行を一度に読み込む	246
	B.6.2	ファイル名を入力で指定する	247
	B.6.3	ファイル読み込み時のエラー処理	247
B.7		コードの再利用	250

あとがき ... 253
用語集 ... 257
訳者あとがき ... 265

索引 ... 269

1章
数を扱う

　まず、Pythonを使って数学と科学の世界を探検しましょう。とりあえず、Pythonそのものの使い方に慣れましょう。基本数学演算から始めて、数を扱い理解する簡単なプログラムを書きます。さあ始めましょう。

1.1　基本数学演算

　Python対話型シェル（interactive shell）を使います。Python 3 IDLEシェルを起動して「hello」と呼びかけるために print('Hello IDLE') と入力してENTERキーを押してください（**図1-1**参照、PythonのインストールとIDLEの起動については付録Aを見てください）。IDLEは、コマンドに従って言葉を画面に出力します。おめでとう、これでプログラムの完成です。

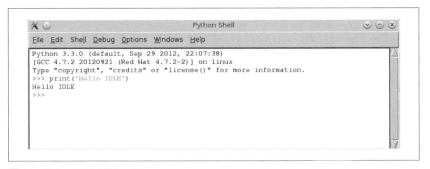

図1-1　Python 3 IDLEシェル

　プロンプト>>>がまた表示されました。IDLEは次の命令を待っているという意味です。

　Pythonは素晴らしい電卓として、簡単な計算ができます。式を入力すると

1章 数を扱う

Pythonが計算を行います。ENTERを押せば、結果がすぐ表示されます。

試してみましょう。数の足し算と引き算は、加算演算子（+）と減算演算子（-）を使います。次の通りです。

```
>>> 1 + 2
3
>>> 1 + 3.5
4.5
>>> -1 + 2.5
1.5
>>> 100 - 45
55
>>> -1.1 + 5
3.9
```

掛け算には、乗算演算子（*）を使います。

```
>>> 3 * 2
6
>>> 3.5 * 1.5
5.25
```

割り算には、除算演算子（/）を使います。

```
>>> 3 / 2
1.5
>>> 4 / 2
2.0
```

Pythonで割り算を行うと、小数点以下も返します。小数点以下を除いた整数の答えを求めたいなら、**整除除算**（//、floor division）を使います[※1]。

```
>>> 3 // 2
1
```

床除算演算子は、第1引数を第2引数で割り、小数点以下を切り捨て、その数を超えない最小の整数にします。引数のどちらかが負だと面白い結果になります。次の通りです。

※1　訳注：//は浮動小数点数にも使える。

```
>>> -3 // 2
-2
```

除算演算子の結果を超えない最小の整数が最終的な結果です(この場合は-3/2 = -1.5なので最終結果は-2)。

一方、余りだけが必要な場合は、**剰余演算子**(%、モジュロ、modulo)を使います。

```
>>> 9 % 2
1
```

累乗(べき乗)の計算は、指数演算子(**)を使います。次の例がわかりやすいでしょう。

```
>>> 2 ** 2
4
>>> 2 ** 10
1024
>>> 1 ** 10
1
```

1より小さな累乗の計算も指数記号を使って行います。例えば、nの平方根は、$n^{1/2}$と表現できて、立方根は$n^{1/3}$と表現します。

```
>>> 8 ** (1/3)
2.0
```

この例からわかるように、括弧を使って数学演算を組み合わせて、より複雑な式を扱うことができます。Pythonでは普通に、括弧、指数、掛け算、割り算、足し算、引き算の順序で演算を行います[※1]。括弧がある場合とない場合の次の2つの式を考えてみましょう。

```
>>> 5 + 5 * 5
30
>>> (5 + 5) * 5
50
```

最初の式では、Pythonは掛け算から計算します。5×5は25、25 + 5は30です。次の式では、括弧の中の式をまず計算します。5 + 5は10、10×5は50です。

以上がPythonで数を扱う最も基本的な演算です。次に名前に数を割り当てる方法を学びましょう。

※1 訳注:PEMDAS ruleと言う。

1.2　ラベル：名前に数を割り当てる

さらに複雑なPythonプログラムを設計するために、名前に数を割り当てます（代入とも言う）。便利だからという理由もありますが、たいていは、必要に迫られてのことです。単純な例を次に示します。

❶
```
>>> a = 3
>>> a + 1
4
```
❷
```
>>> a = 5
>>> a + 1
6
```

❶では、名前aに数3を割り当てます。Pythonに式a + 1を計算させると、aが指している数が3であることを理解して、1を加えて4を表示します。❷では、aの値を5に変更しました。それが2番目の足し算に反映されます。名前aを使うと、aの指している数を変えるだけで、aが使われているところではどこでもその新しい値をPythonが使うので便利です。

この種の名前を**ラベル**（label）と呼びます[※1]。同じ考え方で**変数**（variable）という用語を聞いたことがあると思います。変数は数学の用語としても使います（方程式 $x + 2 = 3$ の x などを指す）から、本書では、変数という用語を数学の方程式や式の中でだけ使います。

1.3　さまざまな種類の数

数学演算を説明するのに2種類の数を使ってきました。小数点を持たないおなじみの**整数**（integer）と、プログラマが**浮動小数点数**（floating point number）と呼ぶ小数点のある数です。私たち人間は、数がどのように書かれようと、整数、浮動小数点数、分数、ローマ数字表記でも、その数を認識して処理することに問題はありません。しかし、本書で書くようなプログラムでは、特定の種類、すなわち特定の型の数でないと作業が意味をなさないことがあります。そこで、プログラムでは、入力した数が正しい型であるかどうかをチェックする簡単なコードを書く必要がよくあります。

Pythonは、整数と浮動小数点数とは異なる**型**（type）だと考えます。**type()** 関数

※1　訳注：本書では、Pythonの変数を「ラベル」と呼んでいる。他には聞いたことがないので多少躊躇したが原書を尊重してそのまま訳した。

を使うと、入力した数の種類がわかります。試してみましょう。

```
>>> type(3)
<class 'int'>
>>> type(3.5)
<class 'float'>
>>> type(3.0)
<class 'float'>
```

Pythonが数3を整数（型'int'）と分類し、3.0を浮動小数点数（型'float'）と分類します。私たちは、3と3.0とが日常の数では等しいことはわかっていますが、Pythonでは、3と3.0は異なる型なので、多くの場合、この2つの数に対する扱いは異なります。

本章で書くプログラムの中には、入力が整数のときだけ正しく動くものがあります。先ほど述べたように、Pythonは、1.0や4.0のような数を整数とは認識しないので、これらのプログラムで許される整数の入力として小数点を持つ数を受け入れるには、浮動小数点数から整数へと変換する必要があります。Pythonには、その変換を行う組み込み関数があります。

```
>>> int(3.8)
3
>>> int(3.0)
3
```

関数int()は、浮動小数点数を入力すると、小数点以下を取り除いた整数を結果として返します。関数float()は逆の変換を行います。

```
>>> float(3)
3.0
```

float()は、入力された整数に小数点を付けて浮動小数点数に変換します。

1.3.1 分数を扱う

Pythonで分数を扱えるようにするには、fractionsモジュールを使う必要があります。モジュール（module）は自分のプログラムの中で使うことができる第三者が書いたプログラムです。モジュールには、クラス、関数、ラベル（変数）定義が含まれます。Pythonの標準ライブラリに入っていることもあれば、サードパーティから配布されることもあります。後者の場合、使う前にモジュールをインストールする必要

があります。

　fractionsモジュールは、標準ライブラリの一部で、既にインストールされています。fractionsモジュールは、クラスFractionを定義しており、分数の入力に使えます。使う前には、**インポート**（import）する必要があります。Pythonにこのモジュールからこのクラスを使いたいのだと教えるのです。簡単な例を紹介しましょう。新たなラベルfを作って、分数3/4を割り当てます。

❶　`>>> from fractions import Fraction`
❷　`>>> f = Fraction(3, 4)`
❸　`>>> f`
　　`Fraction(3, 4)`

　最初にfractionsモジュールからクラスFractionをインポートします（❶）。次に、分子と分母を引数にして、このクラスのオブジェクトを作ります（❷）。これは分数3/4のFractionオブジェクトを作ります。オブジェクトを出力する（❸）と、Pythonは、Fraction(分子, 分母)という形式で分数を表示します。

　比較演算子を含めた基本数学演算はすべて、分数にも使えます。1つの式の中で、分数、整数、浮動小数点数を組み合わせることもできます。

```
>>> Fraction(3, 4) + 1 + 1.5
3.25
```

　式の中に浮動小数点数があると、式の結果を浮動小数点数で返します。

　一方、式の中が分数と整数とだけなら、結果は、たとえ分母が1でも、分数で返します。

```
>>> Fraction(3, 4) + 1 + Fraction(1/4)
Fraction(2, 1)
```

　Pythonで分数を扱う基本がわかりました。他の種類の数を調べましょう。

1.3.2　複素数

　ここまでに登場した数は、いわゆる**実数**（real number）でした。Pythonでは**複素数**（complex number）も扱えますが、虚部は（数学表記で使う i ではなく）文字 j または J で示します[※1]。例えば、複素数 $2 + 3i$ は、Pythonでは $2 + 3j$ と書きます。

※1　訳注：電気工学では、i を電流を表す記号として使う。

```
>>> a = 2 + 3j
>>> type(a)
<class 'complex'>
```

type()関数に複素数を指定すると、Pythonはcomplex型のオブジェクトだと答えます。

complex()関数を使って複素数を定義することもできます。複素数の実部と虚部をcomplex()関数の引数として渡すと、複素数を返します。

```
>>> a = complex(2, 3)
>>> a
(2+3j)
```

実数と同様に、複素数を足したり引いたりすることもできます。

```
>>> b = 3 + 3j
>>> a + b
(5+6j)
>>> a - b
(-1+0j)
```

複素数の掛け算と割り算も同様に行うことができます。

```
>>> a * b
(-3+15j)
>>> a / b
(0.8333333333333334+0.16666666666666666j)
```

剰余（%）演算子と整除除算（//）演算子は、複素数には使えません。

複素数の実部と虚部は、属性realとimagを使って次のように取り出します。

```
>>> z = 2 + 3j
>>> z.real
2.0
>>> z.imag
3.0
```

共役（conjugate）複素数は、実部が同じで、虚部の符号が逆になった複素数です。conjugate()メソッドを使って得ることができます。

```
>>> z.conjugate()
(2-3j)
```

実部と虚部は浮動小数点数です。実部と虚部を使って、複素数の**大きさ**（magnitude）を x と y を実部と虚部の値として、$\sqrt{x^2+y^2}$ という式で求めます。Pythonでは、次のようになります。

```
>>> (z.real ** 2 + z.imag ** 2) ** 0.5
3.605551275463989
```

abs()関数で複素数の大きさを求めることもできます。abs()関数は、実数では絶対値を返します。例えば、abs(5)とabs(-5)とは、ともに5を返します。複素数に対しては、大きさになります。

```
>>> abs(z)
3.605551275463989
```

cmathモジュール（cmathはcomplex mathの略）は複素数を扱う他の関数を多数提供しています。

1.4 ユーザ入力を受け取る

プログラムを書き始めると、input()関数でユーザの入力を簡単に受け取ることができて便利です。ユーザに数の入力を促し、その数に特定の演算を行い、結果を表示するプログラムを書くことができます。試してみましょう。

```
❶ >>> a = input()
❷ 1
```

❶では、input()関数を呼び出します。❷では、数が入力されるまで待っています。ENTERを押すと、入力がaに格納されます。

```
   >>> a
❸ '1'
```

❸からわかるように1は一重引用符で括られています。input()関数は入力を**文字列**（string）として返すからです。Pythonでは、文字列は引用符の間にある任意の文字の並びです。文字列にするには、一重引用符か二重引用符のどちらかで囲みます。

```
>>> s1 = 'a string'
>>> s2 = "a string"
```

s1とs2の両方とも同じ文字列を指しています。

文字列の文字が数字ばかりでも、引用符で括られている限り、その文字列を数としては取り扱いません。入力に対して正しい数値型に変換してから数学演算を行う必要があります。文字列は、int()またはfloat()関数によって、整数または浮動小数点数にそれぞれ変換できます。

```
>>> a = '1'
>>> int(a) + 1
2
>>> float(a) + 1
2.0
```

これらは、前に出てきたのと同じint()およびfloat()関数ですが、今回は、数を別の型に変換するのではなくて、文字列('2')を入力として取り、数の結果(2または2.0)を返します。しかし、int()関数は浮動小数点数の小数点を含む文字列を整数に変換できません。('2.5'さらには'2.0'のような)浮動小数点数を表す文字列をint()関数に入力するとエラーメッセージが表示されます。

```
>>> int('2.0')
Traceback (most recent call last):
  File "<pyshell#26>", line 1, in <module>
    int('2.0')
ValueError: invalid literal for int() with base 10: '2.0'
```
値エラー　底が10のint()に不当なリテラル

これは、**例外**(exception)です。エラーが起こってプログラムの実行を続けられないことをこの例外により知らせるのがPythonの方式です。この場合、例外は、ValueError型です(例外をざっと復習するには付録Bを読みましょう)。

3/4のような分数を入力として与えたときも、Pythonは、それを等価な浮動小数点数や整数に変換することができません。ValueError例外が同じように起こります。

```
>>> a = float(input())
3/4
Traceback (most recent call last):
  File "<pyshell#25>", line 1, in <module>
    a = float(input())
ValueError: could not convert string to float: '3/4'
```
値エラー　文字列を浮動小数点数に変換できない

try...exceptブロック内で変換すれば、この例外を**処理**(handle)して、ユーザにプログラムが正しくない入力を受けたというアラート(alert)を知らせることができます。次に、try...exceptブロックを試してみましょう。

1.4.1 例外と不当入力の処理

try...exceptブロックの基本的な考え方は、try...exceptブロックで文を実行し、実行中にエラーが起こっても、プログラムがクラッシュしてTracebackを出力するのではなく、実行をexceptブロックに引き継いで適切な操作（例えば、役に立つエラーメッセージやその他のこと）を行うことができます。

次に、try...exceptブロックでの変換と、不当な入力に対して役立つエラーメッセージを出力する方法を示します。

```
>>> try:
        a = float(input('Enter a number: '))
except ValueError:
        print('You entered an invalid number')
```

処理したい例外型を指定していることに注意してください。ValueError例外を処理するので、「except ValueError」と指定します。

3/4のような不当な入力を与えると、❶に示すような役立つエラーメッセージを出力します。

```
Enter a number: 3/4
```
❶ `You entered an invalid number`

Input()関数のプロンプトで、ユーザにどのような種類の入力を期待しているのか伝えることもできます。

```
>>> a = input('Input an integer: ')
```

ユーザは、整数を入力するように促すメッセージを受け取ります。

```
Input an integer: 1
```

本書の多くのプログラムで、ユーザに数を入力するよう求めますから、数に対して処理する前に、変換を行うように注意します。入力と変換を次のように1つの文にまとめることもできます。

```
>>> a = int(input())
1
>>> a + 1
2
```

これは、ユーザが整数を入力する限りはうまく働きますが、先ほど述べたように、入力が浮動小数点数なら（1.0のように整数に等しいものであっても）エラーになります。

```
>>> a = int(input())
1.0
Traceback (most recent call last):
  File "<pyshell#42>", line 1, in <module>
    a = int(input())
ValueError: invalid literal for int() with base 10: '1.0'
```

このエラーを避けるには、分数に対して先ほど行ったような、`ValueError`の捕捉をします。そうすれば、整数を意図したプログラムでは、うまくいかない浮動小数点数をプログラムで捕捉できます。しかし、それは、1.0や2.0のような、Pythonが浮動小数点数と受け取るものの、整数と等価で、正しいPythonの型として受け付けられれば正しく動く数に対しても例外フラグを上げてしまいます。

この問題を解決するには、小数点の後に実質的な数値があるものをふるい落とす`is_integer()`メソッドを使います（このメソッドは、Pythonの`float`型の数でだけ定義されています。整数形式で受け付けられた数では動きません）。

例を示します。

```
>>> 1.1.is_integer()
False
```

1.1が整数かチェックするため`is_integer()`メソッドを呼び出しました。結果は、1.1が浮動小数点数なので、`False`です。一方、1.0に対してこのメソッドを呼び出すと結果は`True`です。

```
>>> 1.0.is_integer()
True
```

`is_integer()`メソッドを使って、非整数入力をふるい落としながら、1.0のような浮動小数点数として表現されているが整数に等価な入力を受け付けることができます。このメソッドがより大きなプログラムでどう働くかを後で確認します。

1.4.2　分数と複素数を入力

既に学んだFractionクラスも'3/4'のような文字列を、Fractionオブジェクトに変換できます。次に、分数をどう入力するかを示します。

```
>>> a = Fraction(input('Enter a fraction: '))
Enter a fraction: 3/4
>>> a
Fraction(3, 4)
```

3/0のような分数を入力してみます。

```
>>> a = Fraction(input('Enter a fraction: '))
Enter a fraction: 3/0
Traceback (most recent call last):
  File "<pyshell#2>", line 1, in <module>
    a = Fraction(input('Enter a fraction: '))
  File " /usr/lib64/python3.3/fractions.py", line 167, in __new__
    raise ZeroDivisionError('Fraction(%s, 0)' % numerator)
ZeroDivisionError: Fraction(3, 0)    「ゼロ除算エラー」
```

ZeroDivisionError例外のメッセージは、（既にわかっているように）分母が0の分数が**不当**（invalid）であることを示しています。自分のプログラムでユーザが入力するなら、このような例外を常に捕捉するようにします。どのようにそれを行うかを次に示します。

```
>>> try:
        a = Fraction(input('Enter a fraction: '))
except ZeroDivisionError:
        print('Invalid fraction')

Enter a fraction: 3/0
Invalid fraction
```

プログラムのユーザが分母0の分数を入力するたびに、Invalid fractionというメッセージを出力します。

同様に、complex()関数は'2+3j'のような文字列を複素数に変換できます。

```
>>> z = complex(input('Enter a complex number: '))
Enter a complex number: 2+3j
>>> z
(2+3j)
```

（空白のある）'2 + 3j'という文字列を入力すると、ValueErrorエラーメッセージが表示されます。

```
>>> z = complex(input('Enter a complex number: '))
Enter a complex number: 2 + 3j
Traceback (most recent call last):
  File "<pyshell#43>", line 1, in <module>
    z = complex(input('Enter a complex number: '))
ValueError: complex() arg is a malformed string
```
値エラー complex()の引数が不当な文字列

文字列を複素数に変換するときには、他の数の型の場合と同様に、ValueError例外を捕捉します。

1.5 数学を行うプログラムを書く

基本概念をいくつか学んだので、これらをPythonの条件文やループ文と組み合わせて、もう少し役に立つプログラムを作成できます。

1.5.1 整数の因数を計算する

0でない整数aで、他の整数bを割った余りが0なら、aをbの**因数**（factor）と言います。例えば、2はすべての偶数の因数です。次のような関数を書いて0を除く整数aが別の整数bの因数かどうか調べることができます。

```
>>> def is_factor(a, b):
        if b % a == 0:
            return True
        else:
            return False
```

本章の前の方に登場した%演算子で、余りを計算します。「4は1024の因数か？」という疑問には、is_factor()を使って答えます。

```
>>> is_factor(4, 1024)
True
```

任意の正整数nについて、すべての正の因数を見つけるにはどうすればよいでしょうか。1からnまでの各整数について、nを割った余りをチェックします。余りが0なら因数です。range()関数を使って、1からnまでの各整数を当たるプログラムを書きます。

その前に、range()がどのように動作するのかを見てみましょう。range()関数の典型的な使い方は次のようなものです。

```
>>> for i in range(1, 4):
        print(i)
1
2
3
```

forループを用い、range関数に2つ引数を指定しています。range()関数は、第1引数(**開始値**)の整数から始めて、第2引数(**停止値**)の1つ前の整数まで続けます。この場合には、Pythonにその範囲の数を、1から始めて4で停止するまで出力するよう命令します。これは、Pythonが4を出力しないこと、すなわち、出力する最後の数は停止値の1つ前(3)になることを意味します。range()関数は引数として整数しか取らないのも重要な点です。

開始値を指定せずにrange()関数を使うこともできますが、その場合、開始値は0がデフォルトです。例を示します。

```
>>> for i in range(5):
        print(i)
0
1
2
3
4
```

range()関数で生成される2つの連続する整数の差分は**増分値**(step value)と言います。デフォルトでは、増分値は1です。異なる増分値を指定するには、第3引数に指定します(増分値の指定時は、開始値を省略できません)。例えば、次のプログラムは、10より小さい奇数を出力します。

```
>>> for i in range(1,10,2):
        print(i)
1
3
5
7
9
```

どのようにrange()関数が動作するのかがわかったでしょう。これで因数計算プログラムの準備ができました。かなり長いプログラムなので、対話IDLEプロンプトで書くのではなく、IDLEエディタで書きます。エディタを開始するには、IDLEでFile ▶ New Windowsの順で選びます[※1]。3連一重引用符（'''）のコメントでコードを開始していることに注意してください。3連引用符の間の文は、Pythonでは、プログラムの一部として評価されることはありません。人間にとっての注釈です。

```
'''
Find the factors of an integer    整数の因数を見つける
'''
def factors(b):
```

❶
```
    for i in range(1, b+1):
        if b % i == 0:
            print(i)

if __name__ == '__main__':
    b = input('Your Number Please: ')
    b = float(b)
```

❷
```
    if b > 0 and b.is_integer():
        factors(int(b))
    else:
        print('Please enter a positive integer')   「正の整数を入力してください」
```

factors()関数は、range()関数を使って1から入力整数までのすべての整数を一度だけ繰り返すforループを❶で定義します。ユーザが入力した整数bまで繰り返したいので、停止値がb+1になっています。プログラムは、各整数iについて入力引数を割り算して余りがないかどうか調べ、余りがなければ出力します。

このプログラムを（Run ▶ Run Moduleを選んで）実行すると、数を入力するよう求めます。数が正の整数なら、因数を出力します。次の通りです。

```
Your Number Please: 25
1
5
25
```

※1　訳注：Windows環境ではFile ▶ New File

非整数や正でない整数を入力すると、プログラムは、正の整数を入力するよう求めるエラーメッセージを出力します。

> Your Number Please: **15.5**　数をどうぞ
> Please enter a positive integer　正の整数を入力してください

これは、プログラムそのもので不当な入力を常にチェックすることにより、よりユーザフレンドリーなプログラムを作る例です。このプログラムでは正の整数の因数を見つけるだけなので、0より大きいか、そしてis_integer()メソッドを使って整数であるかを❷でチェックします。入力が正の整数でなければ、エラーメッセージを出すのではなく、ユーザフレンドリーな指示をプログラムが出力します。

1.5.2　乗算表を生成する

3つの数 a, b, n を、n が整数で、$a \times n = b$ となるように考えます。

b を a の n 番目の**倍数**（multiple）と呼びます。例えば、4は2の2番目の倍数、1024は512番目の倍数です。

ある数の乗算表は、その数のすべての倍数を出力したものです。例えば、2の乗算表は次のようになります（最初の3つの倍数を示します）。

$$2 \times 1 = 2$$
$$2 \times 2 = 4$$
$$2 \times 3 = 6$$

これからユーザが入力した数の10番目までの乗算表を生成するプログラムを作成します。このプログラムでは、print()関数にformat()メソッドを使って、プログラムの出力を快適で読みやすいものにします。それがどのように動作するのか簡単に説明します。

format()メソッドでは、ラベルを差し込んで、読みやすい文字列となるフォーマットで出力します。例えば、スーパーで買ったすべての果物の名前を別々のラベルに付けて、それらをひとまとまりの文として出力したいときに、次のようにformat()メソッドを使います。

```
>>> item1 = 'apples'
>>> item2 = 'bananas'
>>> item3 = 'grapes'
>>> print('At the grocery store, I bought some {0} and {1} and {2}'.format(item1,
```

item2, item3))
At the grocery store, I bought some apples and bananas and grapes
スーパーでリンゴ、バナナ、ブドウを買った

最初にそれぞれ異なる文字列（apples, bananas, grapes）を指す3つのラベル（item1, item2, item3）を作りました。次に、print()関数で、波括弧の3つのプレースホルダ{0}, {1}, {2}を含む文字列を入力します。その後に作成した3つのラベルを引数とする.format()が続きます。これは、Pythonに対して、プレースホルダの位置にラベルの値を順番に入れるよう指示します。そこで、{0}が最初のラベル、{1}が第2のラベルのように置き換えてテキストを出力します。

出力する値を持つラベルは必ずしも必要ありません。次の例のように、.format()に直接値を指定することもできます。

```
>>> print('Number 1: {0} Number 2: {1} '.format(1, 3.578))
Number 1: 1 Number 2: 3.578
```

プレースホルダの個数とラベルまたは値の個数とは同じでなければなりません。

format()がどのように動作するのか理解できたでしょう。これで乗算表生成のプログラムを表示する準備が整いました。

```
'''
Multiplication table printer   乗算表生成器
'''
def multi_table(a):
❶    for i in range(1, 11):
        print('{0} x {1} = {2}'.format(a, i, a*i))

if __name__ == '__main__':
    a = input('Enter a number: ')
    multi_table(float(a))
```

関数multi_table()がプログラムの主要な機能を実装しています。仮引数aで出力される乗算表のための数を受け取ります。乗算表を1から10まで出力したいので、これらの数を繰り返して、数aとの積を出力するforループを❶に置きます。

プログラムを実行すると、数を入力するよう求めます。入力されるとその乗算表を出力します。

```
Enter a number: 5
5.0 x 1 = 5.0
```

```
5.0 x 2 = 10.0
5.0 x 3 = 15.0
5.0 x 4 = 20.0
5.0 x 5 = 25.0
5.0 x 6 = 30.0
5.0 x 7 = 35.0
5.0 x 8 = 40.0
5.0 x 9 = 45.0
5.0 x 10 = 50.0
```

表がきれいにきちんと揃っています。読みやすく一様なテンプレートにしたがって出力を出力するformat()メソッドを使ったからです。

format()メソッドを使って、数の出力をさらに制御できます。例えば、小数点以下を2桁だけ表示したければ、format()メソッドで指定できます。例は次の通りです。

```
>>> '{0}'.format(1.25456)
'1.25456'
>>> '{0:.2f}'.format(1.25456)
'1.25'
```

最初のフォーマット文は、数を入力した通りに単純に出力します。次の文では、プレースホルダを{0:.2f}に修正して、fは浮動小数点数、小数点以下2桁だけが必要であることを示します。2番目の出力では小数点以下2桁しかありません。指定した桁数よりも小数点以下がある場合には四捨五入で丸められることに注意してください。例えば次のようになります。

```
>>> '{0:.2f}'.format(1.25556)
'1.26'
```

この場合、1.25556は丸められて最も近い小数第2位までの数1.26と出力されます。.2fを使って、整数を出力すると、小数部に0が追加されます。

```
>>> '{0:.2f}'.format(1)
'1.00'
```

小数点の後ろの数字は2桁と指定したので、2つの0が加えられています。

1.5.3　測定単位を変換する

　国際単位系は、7つの**基本単位**（base quantities, base units）を定義しています。これらは、**誘導単位**（derived quantities）と呼ばれる他の単位を導くために使われます。長さ（幅、高さ、深さを含む）、時間、質量、（熱力学）温度は、基本7単位のうちの4つです。それぞれ、メートル、秒、キログラム、ケルビンという標準測定単位です。

　各標準測定単位には、複数の非標準測定単位があります。温度については摂氏（Celsius）30℃や華氏（Fahrenheit）86度のほうが、303.15ケルビン（kelvin）よりも馴染みがあるでしょう。303.15ケルビンは、華氏86度よりも、3倍暑いでしょうか。違います。華氏86度を303.15ケルビンとその数値だけで比較することは、同じ物理量である温度を測っていますが、測定単位が違うのでできません。

　測定単位間の変換は難しいことがあるので、高校では測定単位間の変換を含む問題がよく出されます。基本数学のスキルを試すにはよい方法です。Pythonには、数学スキルがたっぷりあって、どこかの高校生とは違って、ループの中で計算を繰り返しても飽きません。今度は単位変換をしてくれるプログラムを書くことにしましょう。

　まず長さから始めます。米国と英国では、インチとマイルを長さの測定に使うことがありますが、他の国ではセンチメートルとキロメートルを使います。

　1インチは2.54センチメートルなので、掛け算を使ってインチをセンチメートルに変換します。センチメートルでの測定値を100で割ったものがメートルでの測定値です。例えば、次のようにして25.5インチをメートルに変換します。

```
>>> (25.5 * 2.54) / 100
0.6476999999999999
```

　1マイルは、ほぼ1.609キロメートルに等しいので、目的地が650マイル先だとすれば、650 × 1.609キロメートルあるわけです。

```
>>> 650 * 1.609
1045.85
```

　次に温度変換、すなわち華氏から摂氏への変換やその逆を行いましょう。華氏で表示された温度は、次の式で摂氏に変換できます。

$$C = (F - 32) \times \frac{5}{9}$$

Fは華氏の温度、Cは摂氏の温度です。華氏の98.6度は、人間の正常な体温だというのはご存知ですね。対応する摂氏の温度を見つけるには、Pythonで上の式を計算します。

```
>>> F = 98.6
>>> (F - 32) * (5 / 9)
37.0
```

まず、ラベルFに華氏98.6を割り当てます。次に、この温度を等価な摂氏に変換するために、式を計算します。結果は摂氏37.0度です。

摂氏から華氏に温度を変換するためには、次の式を使います。

$$F = \left(C \times \frac{9}{5} \right) + 32$$

前と同じようにこの式を計算します。

```
>>> C = 37
>>> C * (9 / 5) + 32
98.60000000000001
```

ラベルCに値37（摂氏での人間の平熱）を割り当てました。次に、上の式を用いて華氏に変換します。結果は98.6度です。

この変換式を何度も書くのは煩雑なので、変換を行う単位変換プログラムを書きましょう。このプログラムは、どの変換を行うのかユーザに選択させ、入力を促し、計算結果を出力します。次の通りです。

```
'''
Unit converter: Miles and Kilometers       単位変換プログラム：マイルとキロメートル
'''
def print_menu():
    print('1. Kilometers to Miles')
    print('2. Miles to Kilometers')

def km_miles():
    km = float(input('Enter distance in kilometers: '))
    miles = km / 1.609
    print('Distance in miles: {0}'.format(miles))

def miles_km():
    miles = float(input('Enter distance in miles: '))
```

```
        km = miles * 1.609
        print('Distance in kilometers: {0}'.format(km))

    if __name__ == '__main__':
❶       print_menu()
❷       choice = input('Which conversion would you like to do?: ')
        if choice == '1':
            km_miles()
        if choice == '2':
            miles_km()
```

このプログラムは、今まで登場したものよりは少し長いですが、心配することはありません。❶から始めましょう。print_menu()関数が呼ばれてメニューにある単位変換2つを出力します。❷では、ユーザに2つのうちのどちらを行うのかを尋ねます。選択が1（キロメートルからマイル）なら、関数km_miles()を呼び、選択が2（マイルからキロメートル）なら、関数miles_km()を呼びます。どちらの場合も、距離を選択した単位（km_miles()にはキロメートル、miles_km()にはマイル）で入力するようにユーザに指示します。プログラムは、対応する関数を用いて変換を行い、結果を表示します。

プログラムの実行例です。

```
    1. Kilometers to Miles
    2. Miles to Kilometers
❸   Which conversion would you like to do?: 2
    Enter distance in miles: 100
    Distance in kilometers: 160.9
```

ユーザは❸で、どちらを選択するか求められます。選択は2（マイルからキロメートル）でした。プログラムは次に、距離をマイルで入力するよう求めて、それをキロメートルに変換して、出力します。

このプログラムは、マイルとキロメートルの変換だけをしますが、後のプログラム課題では、他の単位変換もできるよう拡張します。

1.5.4 2次方程式の解を求める

$x + 500 - 79 = 10$ のような方程式があって、未知の変数 x の値を求めるにはどうしますか。移項して方程式の右辺に定数（500, 79, 10）だけがあるようにし、反対の左辺には変数（x）だけが来るようにします。この結果は、次の式になります。

$$x = 10 - 500 + 79$$

右辺の式の値を計算すると、xの値、すなわち解が求まりますが、これは方程式の**根**（root）とも呼ばれます。Pythonでは、次のように行います。

```
>>> x = 10 - 500 + 79
>>> x
-411
```

これは**線形方程式**（linear equation）の例です。移項を済ませれば、式は簡単に計算できます。一方、$x^2 + 2x + 1 = 0$のような方程式では、2次方程式の**解の公式**（quadratic formula）と呼ばれる複雑な式を計算する必要があります。このような方程式は、**2次方程式**（quadratic equation）と呼ばれ、一般に$ax^2 + bx + c = 0$のように表されます。ここで、a, b, cは定数です。解の公式は次のようになります。

$$x_1 = \frac{-b + \sqrt{b^2 - 4ac}}{2a} \quad \text{と} \quad x_2 = \frac{-b - \sqrt{b^2 - 4ac}}{2a}$$

2次方程式は2つの解を持ちます。すなわち、方程式の両辺を等しくするxの値が2つあります（その2つの値がたまたま等しくなることもあります）。2つの解は、解の公式では、x_1とx_2とで示されます。

方程式$x^2 + 2x + 1 = 0$を2次方程式の一般形と比べれば、$a = 1, b = 2, c = 1$となっていることがわかります。これらの値を解の公式に代入すれば、x_1とx_2の値を計算できます。Pythonでは、ラベルa, b, cに対して、a, b, cのそれぞれの値をまず格納します。

```
>>> a = 1
>>> b = 2
>>> c = 1
```

次に、2つの解の公式のどちらにも、判別式$b^2 - 4ac$が含まれているので、新たなラベルDを$D = \sqrt{b^2 - 4ac}$と定義します。

```
>>> D = (b**2 - 4*a*c)**0.5
```

ご覧の通り、$b^2 - 4ac$の平方根を指数0.5の累乗で計算します。x_1とx_2を計算する式を次のように書けます。

```
>>> x_1 = (-b + D)/(2*a)
>>> x_1
```

```
-1.0
>>> x_2 = (-b - D)/(2*a)
>>> x_2
-1.0
```

この場合、両方の解の値は等しく、この値を式 $x^2 + 2x + 1$ に代入すれば、式の値は0になります。

次のプログラムは、これまでのステップを1つにまとめて関数にしており、a, b, c の値を引数として受け取り、解を計算して、出力します。

```
'''
Quadratic Equation root calculator    2次方程式求解電卓
'''
def roots(a, b, c):
    D = (b*b - 4*a*c)**0.5
    x_1 = (-b + D)/(2*a)
    x_2 = (-b - D)/(2*a)
    print('x1: {0}'.format(x_1))
    print('x2: {0}'.format(x_2))

if __name__ == '__main__':
    a = input('Enter a: ')
    b = input('Enter b: ')
    c = input('Enter c: ')
    roots(float(a), float(b), float(c))
```

最初に、ラベルa, b, cを使って2次方程式の3つの定数の値を参照します。次に、それらの3つの値を(浮動小数点数に変換した後で)引数として関数roots()を呼び出します。この関数は、解の公式にa, b, cの値を当てはめて、解を計算して、出力します。

このプログラムを実行すると、ユーザに対して、解を求める2次方程式の対応する a, b, c の値を入力するように求めます。

```
Enter a: 1
Enter b: 2
Enter c: 1
x1: -1.0
x2: -1.0
```

定数の値を変えて、2次方程式をさらに解いてみても、このプログラムは解を正し

く計算して求めます。

2次方程式は複素数（虚数）を解に持つこともあります。例えば、方程式 $x^2 + x + 1 = 0$ の解は両方とも虚数です。このプログラムは、これも計算できます。もう一度（定数を $a = 1, b = 1, c = 1$ として）プログラムを実行しましょう。

```
Enter a: 1
Enter b: 1
Enter c: 1
x1: (-0.49999999999999994+0.8660254037844386j)
x2: (-0.5-0.8660254037844386j)
```

上で出力されている解は、（jで示されるように）複素数です。プログラムは何の問題もなく、計算して表示します。

1.6　学んだこと

よくここまで頑張りました。整数、浮動小数点数、分数的数（分数または浮動小数点数で表された整数でない数）、複素数を認識するプログラムの書き方を学びました。乗算表を作ったり、単位を変換したり、2次方程式の解を求めたりするプログラムを書きました。数学の計算を行うプログラムを書く第1ステップを終えて、感激していると思います。次へ進む前に、学んだことをさらに応用する機会として、プログラミングチャレンジに挑戦してみましょう。

1.7　プログラミングチャレンジ

本章で学んだことを練習するよい機会です。課題を解決する方法は1つとは限りません。解の例を https://www.nostarch.com/doingmathwithpython/ に掲載しています。

問題1-1　奇数偶数自動判別プログラム

数を入力として、次の2つのことを行う「奇数偶数自動判別プログラム」を書いてみてください。

1. 入力された数が奇数か偶数かを判定する。
2. 入力された数とその後に9つの偶数または奇数を続けて表示する。

入力された数が2なら、4, 6, 8, 10, 12, 14, 16, 18, 20を出力します。同様に、

数が1なら3, 5, 7, 9, 11, 13, 15, 17, 19を出力します。

プログラムでは、is_integer()メソッドを使って入力が小数点の後ろに数値のある、整数でない場合にエラーメッセージを表示するようにしてください。

問題1-2　乗算表生成器の拡張

乗算表生成器はよくできていますが、最初の10個の倍数しか出力できません。生成器を強化して、ユーザが数だけでなく、いくつの倍数までかを指定できるようにしてください。例えば、9の最初の15個の倍数の表が欲しいと入力したいのです。

問題1-3　単位変換プログラムの拡張

本章で書いた単位変換プログラムは、キロメートルとマイルの間の変換に限られていました。プログラムを拡張して（キログラムとポンドのような）質量単位の変換と摂氏と華氏のような温度単位の変換とができるようにしてください。

問題1-4　分数電卓

2つの分数の間の基本数学演算を行う電卓を書いてください。ユーザに、2つの分数と行いたい演算を入力するよう求めてください。手始めとして、足し算だけを行うプログラムを書いておきます。

```
'''
fractions_operations.py

Fraction operations   分数演算
'''

from fractions import Fraction
def add(a, b):
    print('Result of Addition: {0}'.format(a, b, a+b))

if __name__ == '__main__':
    try:
❶       a = Fraction(input('Enter first fraction: '))
❷       b = Fraction(input('Enter second fraction: '))
        op = input('Operation to perform - Add, Subtract, Divide, Multiply: ')
        if op == 'Add':
            add(a, b)
```

このプログラムの構成要素のほとんどは知っていますね。❶と❷で、ユーザに2つの分数を入力するように求めます。次に、この2つの分数にどの演算をしたいかをユーザに聞きます。ユーザがAddと入力すると、関数add()を呼び出しますが、これは、引数として渡された2つの分数の和をとるように定義されています。add()関数は、演算を実行して結果を出力します。例えば、次の通りです。

```
Enter first fraction: 3/4
Enter second fraction: 1/4
Operation to perform - Add, Subtract, Divide, Multiply: Add
Result of Addition: 1
```

引き算、割り算、掛け算のような他の演算もできるようにしてください。例えば、2つの分数の差の計算は次のように行います。

```
Enter first fraction: 3/4
Enter second fraction: 1/4
Operation to perform - Add, Subtract, Divide, Multiply: Subtract
Result of Subtraction: 1/2
```

割り算の場合、最初の分数を2番目の分数で割ったのか、あるいは、その逆なのかがユーザにわかるようにしてください。

問題1-5　ユーザに脱出能力を与える

ここまで書いてきたプログラムはすべて、入力と出力とを1回だけイテレーションするようになっていました。例えば、乗算表を出力するプログラムを取り上げましょう。ユーザはプログラムを実行して、数を入力します。プログラムは乗算表を出力して抜け出します。ユーザが他の数の乗算表を出力したければ、プログラムを再度実行しなければなりません。

ユーザが、プログラムの実行を継続するか、終了するか選択できれば、さらに便利でしょう。そのようなプログラムを書く鍵となるのは、**無限ループ**（infinite loop）すなわち、明示的に指示しない限り抜け出さないループを用意することです。次に、そのようなプログラムをどう書くかの例を示します。

```
'''
Run until exit layout    脱出するまで実行　プログラムの配置例
'''
def fun():
```

```
        print('I am in an endless loop')

    if __name__ == '__main__':
❶       while True:
            fun()
❷           answer = input('Do you want to exit? (y) for yes ')   抜けたいか
            if answer == 'y':
                break
```

　無限ループを❶でwhile Trueを使って定義します。whileループは、条件がFalseになるまで、実行を続けます。ループの条件を定数値のTrueにしたので、他の方法で割り込まない限り、永遠に実行が続きます。ループの中では、関数fun()を呼び出していて、その関数は文字列「I am in an endless loop」を出力します。❷で、ユーザは「抜け出したいですか？」と聞かれます。ユーザがyと入力すると、プログラムはbreak文（breakは、最も内側のループから、ループの中の他のどの文も実行せずに、抜け出します）を使って抜け出します。ユーザが他の入力をする（または、ENTERを押して何も入力しない）と、whileループの実行が続きます。すなわち、もう一度文字列を出力して、ユーザが抜け出したいと思うまで実行を続けます。実行例は次のようになります。

```
I am in an endless loop
Do you want to exit? (y) for yes n
I am in an endless loop
Do you want to exit? (y) for yes n
I am in an endless loop
Do you want to exit? (y) for yes n
I am in an endless loop
Do you want to exit? (y) for yes y
```

　この例に基づいて、ユーザが抜け出したいと思うまで乗算表生成器を実行するように書き直しましょう。新しい版は次のようになります。

```
'''
multi_table_exit_power.py

Multiplication table printer with exit power to the user   ユーザが抜け出せる乗算表
'''

def multi_table(a):
```

```
        for i in range(1, 11):
            print('{0} x {1} = {2}'.format(a, i, a*i))


if __name__ == '__main__':

    while True:
        a = input('Enter a number: ')
        multi_table(float(a))

        answer = input('Do you want to exit? (y) for yes ')
        if answer == 'y':
            break
```

このプログラムを17ページで書いたものと比較すると、変更はwhileループの追加だけです。whileループの中では、ユーザに数を入力するようプロンプトを出し、multi_table()関数への呼び出しを行っています。

プログラムを実行すると、数の入力を促し、前の例と同様に乗算表を出力します。しかし、その後で、プログラムを終了したいか尋ねます。ユーザが続けたければ、プログラムは、他の数の乗算表を出力します。実行例を示します。

```
Enter a number:  2
2.0 x 1 = 2.0
2.0 x 2 = 4.0
2.0 x 3 = 6.0
2.0 x 4 = 8.0
2.0 x 5 = 10.0
2.0 x 6 = 12.0
2.0 x 7 = 14.0
2.0 x 8 = 16.0
2.0 x 9 = 18.0
2.0 x 10 = 20.0
Do you want to exit? (y) for yes  n
Enter a number:
```

本章の他のプログラムも、ユーザが抜け出したいと思うまで実行を続けるように書き直してみましょう。

2章
データをグラフで可視化する

本章では、数値データを提示する強力な方法、すなわち、Pythonでグラフを描く方法を学びます。数直線とデカルト平面の議論から始めて、次に強力なプロットライブラリmatplotlibを使ってグラフを作る方法を学びます。そして、データを直観的に明確に表示する方法を検討します。最後に、グラフを使って、ニュートンの万有引力の法則と**投射運動**（projectile motion）について調べます。では始めましょう。

2.1 デカルト座標平面を理解する

図2-1に示すような**数直線**を考えましょう。-3から3までの整数の印があります。2つの数（例えば、1と2）の間には、1.1, 1.2, 1.3, …のようにたくさんの数が存在します。

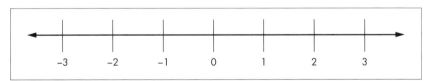

図2-1 数直線

数直線により、一目である種の性質が直観的にわかります。例えば、0の右側の数はすべて正で、左側の数は負です。ある数aが別の数bの右側にあるなら、aはbより大きく、bはaより小さいのです。

数直線の端にある矢印は、線が無限に延びていることを示しており、この線上の点は、どんなに大きくても何らかの実数に対応しています。1つの数は、数直線上の1点として、表現できます。

次に**図2-2**のように配置された2つの数直線を考えましょう。数直線は、それぞれ

0点で直角に交わります。これが**デカルト座標平面**（Cartesian coordinate plane）すなわち、x-y平面で、水平方向の数直線をx軸、垂直の線をy軸と呼びます。

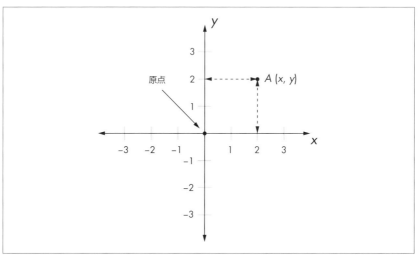

図2-2　デカルト座標平面

　数直線と同様に、平面には無限個の点があります。点は1つの数ではなく、2つの数の対で表します。例えば、図の点Aは2つの数xとyとを使って、通常(x, y)と書いて、点の**座標**（coordinates）と呼びます。2軸が交わる点は**原点**（origin）と呼ばれ、座標は$(0, 0)$です。**図2-2**に示すように、xは原点からx軸に沿った距離、yはy軸に沿った距離です。

　デカルト座標平面では、2つの数集合の間の関係を可視化できます。ここでは**集合**（set）という言葉を、数の集まりという広い意味で使っています（数学的に厳密な集合とPythonで扱う方法については5章で学びます）。2つの数集合が、温度、野球のスコア、クラスの試験の点数など、何を表していようと、必要なのは数そのものだけです。それを、グラフ用紙やPythonプログラムでコンピュータにプロットできます。本書では、**プロット**（plot）という言葉を2つの数集合を描画する動作を表す動詞として使い、**グラフ**（graph）という言葉を、結果をデカルト平面上の直線、曲線、あるいは、点集合として表すのに使います。

2.2 リストとタプルの操作

Pythonでグラフを描くには、**リスト** (list) と**タプル** (tuple) を使います。Pythonでは、値のグループを格納するのに、2つの方法があります。タプルとリストとは、ほとんどの点で非常によく似ていますが、大きな違いが1つあります。リストは、後から値を追加したり、値の順番を変えることができます。タプルでは、値は作成直後に固定されて変更できません。プロットする点のx, y座標を格納するためにはリストを使います。タプルは、「2.3.4　グラフのカスタマイズ」で、グラフの範囲を変更する方法に関して登場します。最初に、リストから始めましょう。

リストを作るには、角括弧にコンマで区切った値を指定します。次の文は、リストを作り、それをラベルsimplelistで参照します。

```
>>> simplelist = [1, 2, 3]
```

ラベルとリストが持つ、**添字**または**インデックス** (index)と呼ばれる位置を使って、個別の数を参照できます。simplelist[0]が最初の数、simplelist[1]が2番目の数、simplelist[2]が3番目の数を指します。

```
>>> simplelist[0]
1
>>> simplelist[1]
2
>>> simplelist[2]
3
```

リストの1番目の要素は添字0、2番目は添字1です。リスト中の要素の位置が1ではなく、0から始まっていることに注意しましょう。

リストには、文字列も格納できます。

```
>>> stringlist = ['a string','b string','c string']
>>> stringlist[0]
'a string'
>>> stringlist[1]
'b string'
>>> stringlist[2]
'c string'
```

リストの利点の1つは、それぞれの値についてラベルを作る必要がないことです。リストのラベルだけ作れば、添字位置を使って要素を指すことができます。さらに、

新たな値を格納する必要があれば、リストに追加できます。したがって、どれだけの数や文字列を格納する必要があるか前もってわからない場合には、データ格納にリストを選ぶのが一番よいのです。

空リスト (empty list) は、要素を持たないリストで、次のように作ります。

```
>>> emptylist = []
```

空リストは、リストにどんな要素が含まれるか前もってわかっておらず、プログラムの実行中に値を入れる予定の場合に大いに役立ちます。この場合、空リストを作って、append() メソッドで後から要素を追加します。

❶ ```
>>> emptylist
[]
```
❷ ```
>>> emptylist.append(1)
>>> emptylist
[1]
```
❸ ```
>>> emptylist.append(2)
>>> emptylist
```
❹ `[1, 2]`

❶でemptylistは空です。次に、❷で数1を追加し、❸で数2を追加します。行❹では、リストは[1, 2]です。.append()を使うとき、値がリストの末尾に追加されることに気をつけましょう。これは、リストに値を追加する1つの方法で、他にも方法がありますが、本章では必要ありません。

タプルの作成はリストと同様ですが、角括弧ではなく丸括弧を使います。

```
>>> simpletuple = (1, 2, 3)
```

simpletupleの個々の数をリストと同じように対応する添字を角括弧で括って参照できます。

```
>>> simpletuple[0]
1
>>> simpletuple[1]
2
>>> simpletuple[2]
3
```

負の添字 (negative indices) はリストとタプルの両方で使えます。例えば、simplelist[-1]とsimpletuple[-1]とは、リストやタプルの最後の要素を指し、
```

simplelist[-2] と simpletuple[-2] とは、最後から2番目の要素を指すという具合です。

リスト同様、タプルは、文字列も値として取れて、要素のない**空タプル**（empty tuple）を emptytuple=() のように作ることができます。しかし、新たな値を既存のタプルに追加する append() メソッドはなく、空タプルには値を追加できません。タプルは一度作ってしまうと、内容を変更することができません。

2.2.1 リストやタプルで繰り返す

リストやタプルに for ループを次のように実行できます。

```
>>> l = [1, 2, 3]
>>> for item in l:
        print(item)
```

リストの要素が出力されます。

```
1
2
3
```

タプルの要素も同じように扱えます。

リストやタプルで、要素の位置、すなわち添字を知る必要があるかもしれません。enumerate() 関数を使って、リストの中の全要素を**繰り返し**（iterate）て、要素そのものだけでなく添字も返すことができます。index と item というラベルでそれぞれ参照します。

```
>>> l = [1, 2, 3]
>>> for index, item in enumerate(l):
        print(index, item)
```

出力は次のようになります。

```
0 1
1 2
2 3
```

タプルでも同じようになります。

2.3 matplotlibでグラフを作る

matplotlibを使ってPythonでグラフを作りましょう。matplotlibはPythonパッケージです。すなわち、関連する働きをする関数などのモジュールの集まりです。この場合は、数をプロットしたり、グラフを作るのに役立つモジュールです。matplotlibはPythonの標準ライブラリに組み込まれていないので、別途インストールする必要があります。付録Aに方法を載せています。インストールしたら、Pythonシェルを開始します。付録Aで説明しているように、IDLEシェルを使い続けても、Python組み込みシェルを使ってもどちらでも構いません。

さて、最初のグラフを作る準備が整いました。3点 $(1, 2), (2, 4), (3, 6)$ からなる単純なグラフから始めましょう。グラフを作るために、まず、数のリストを2つ作成します。1つはこれらの点の x 座標の値、もう1つは y 座標です。次の2文がそれを実行して、x_numbers と y_numbers という2つのリストを作ります。

```
>>> x_numbers = [1, 2, 3]
>>> y_numbers = [2, 4, 6]
```

次にプロットします。

```
>>> from pylab import plot, show
>>> plot(x_numbers, y_numbers)
[<matplotlib.lines.Line2D object at 0x7f83ac60df10>]
```

第1行で、matplotlibパッケージのpylabモジュールから関数plot()とshow()とをインポートします。次に、第2行でplot()関数を呼び出します。plot()関数の第1引数は x 軸上でのプロットしたい数のリスト、第2引数は対応する y 軸上での数のリストです。plot()関数は、オブジェクト(より正確には、オブジェクトを含むリスト)を返します。このオブジェクトは、Pythonに作成を指示したグラフの情報が含まれています。この段階で、グラフに対して、題名などの情報を追加したり、グラフをそのまま表示したりできますが、ここでは、グラフを表示するだけにしましょう。

plot()関数はグラフを作るだけです。実際に表示するには、show()関数を呼び出す必要があります。

```
>>> show()
```

図2-3のように、matplotlibウィンドウでグラフを表示できます(表示ウィンドウは、オペレーティングシステムによって異なるかもしれませんが、グラフは同じです)。

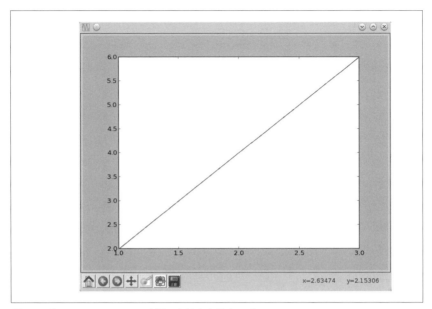

図2-3 点(1, 2), (2, 4), (3, 6)を通る直線を表示するグラフ

原点(0, 0)からではなく、x軸は数1から、y軸は2から始まっています。これらは、2つのリストそれぞれの最小数です。また、軸には目盛りが(x軸では2.5, 3.0, 3.5というように)あります。「2.3.4 グラフのカスタマイズ」で、グラフのこれらの機能をどう制御するか、軸ラベルやグラフの題名をどう追加するかなどと一緒に学びます。

対話シェルでは、matplotlibウィンドウを閉じるまで何も入力できないことに気付きましたか。グラフウィンドウを閉じれば、プログラミングを続けられます。

2.3.1 グラフで点を作る

グラフで、プロットした点に印を付けたければ、キーワード引数を追加してplot()関数を呼び出します。

```
>>> plot(x_numbers, y_numbers, marker='o')
```

marker='o'と入力したので、Pythonはリストの各点をoのように見える小さな黒丸で印をします。もう一度show()とすると、黒丸の印が付いた点が見えます(**図2-4**参照)。

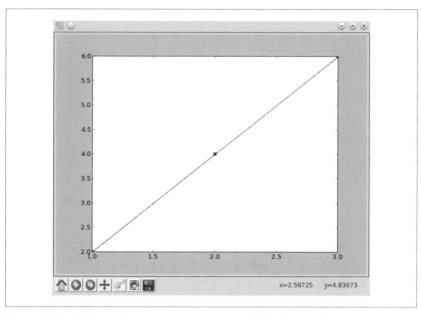

図2-4　黒丸の印がついた点(1, 2), (2, 4), (3, 6)を通る直線を表示するグラフ

(2, 4)の位置にある印はすぐ目につきますが、他はグラフの隅に隠れています。markerの印には、'o', '*', 'x', '+'といった選択肢があります。marker=を使うと点をつなぐ線も含まれます（これがデフォルトです）。marker=をなくすと、点を結ぶ線もなくて指定した点の印だけからなるグラフができます。

```
>>> plot(x_numbers, y_numbers, 'o')
[<matplotlib.lines.Line2D object at 0x7f2549bc0bd0>]
```

'o'は、各点を黒丸で印して、点を結ぶ線は表示しないことを示します。関数show()を呼び出して、グラフを表示すると、図2-5のようになります。

ご覧の通り、グラフの点だけが表示され、点を連結している線がありません。前のグラフと同様に最初と最後の点は、よく見えませんが、これを変更する方法をすぐ後で述べます。

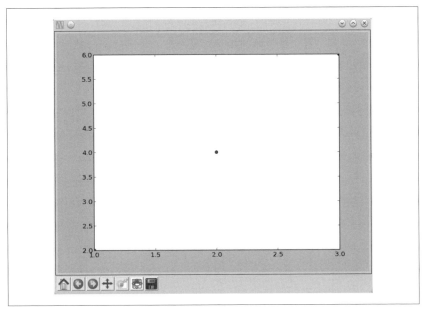

図2-5　点(1, 2), (2, 4), (3, 6)を表示するグラフ

2.3.2　ニューヨーク市の年間平均気温をグラフ化する

　データの少し多い集合を使ってmatplotlibの機能をさらに調べましょう。セントラルパークで測ったニューヨーク市の2000年から2012年までの年間平均気温は、華氏53.9, 56.3, 56.4, 53.4, 54.5, 55.8, 56.8, 55.0, 55.3, 54.0, 56.7, 56.4, 57.3です。これは、ランダムな数に見えますが、グラフに温度をプロットすると平均気温が年ごとに上下する様子がよりはっきりとわかります。

```
>>> nyc_temp = [53.9, 56.3, 56.4, 53.4, 54.5, 55.8, 56.8, 55.0, 55.3, 54.0, 56.7, 56.4, 57.3]
>>> plot(nyc_temp, marker='o')
[<matplotlib.lines.Line2D object at 0x7f2549d52f90>]
```

　平均気温をリストnyc_tempに格納しました。このリストと印の文字列だけを関数plot()に渡して呼び出します。plot()を1つのリストに使うと、y軸に自動的にプロットします。x軸の対応する値は、リストの各値の位置が用いられます。すなわち、最初の温度、53.9の対応するx軸の値には、リストの位置から0となります（リストの位置は1からではなく0から始まりました）。結果として、x軸にプロットされる数

は、整数0から12で、温度データがある13年間に対応していると考えられます。

show()と入力して、図2-6に示すグラフを表示します。グラフは平均気温が年ごとに上下していることを示しています。プロットした数値を眺めると、それぞれあまり離れてはいません。しかし、グラフでは変動が劇的になっています。何が起こったのでしょうか。理由は、xの数値が画面いっぱいに描かれるようなy軸の範囲をmatplotlibが設定してしまうからです。このグラフの場合、y軸は53.0で始まり、最高値が57.5です。これでは、小さな差異も、y軸の範囲が狭いので、大きく見えます。各軸の範囲をどのように制御するかを「2.3.4 グラフのカスタマイズ」で学びます。

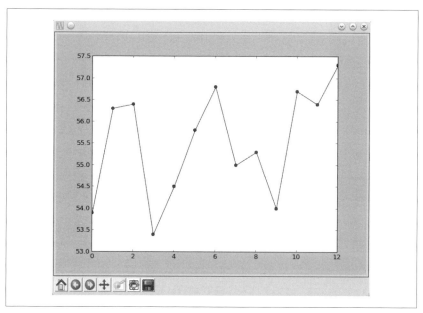

図2-6 2000-2012年のニューヨーク市の平均気温を示すグラフ

y軸の数がプロットするよう与えた浮動小数点数で、x軸の数は整数です。matplotlibは両方を扱えます。

対応年を示さないで温度をプロットするのは、年ごとの変動を可視化するには、簡単でやさしい方法です。しかし、このグラフを誰かに説明する予定なら、それぞれの温度に対応する年をはっきりさせたいと思うでしょう。年のリストを作ってplot()関数を呼び出せば、簡単です。

```
>>> nyc_temp = [53.9, 56.3, 56.4, 53.4, 54.5, 55.8, 56.8, 55.0, 55.3, 54.0, 56.7, 56.4, 57.3]
>>> years = range(2000, 2013)
>>> plot(years, nyc_temp, marker='o')
[<matplotlib.lines.Line2D object at 0x7f2549a616d0>]
>>> show()
```

1章で学んだrange()関数を使って2000年から2012年を指定しています。x軸に年が表示されています（図2-7参照）。

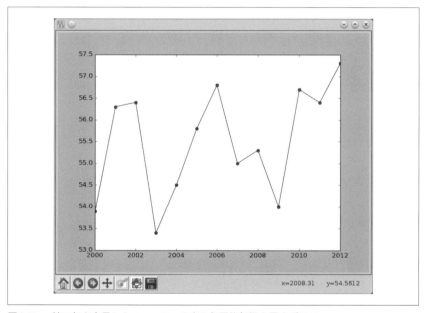

図2-7　x軸に年を表示したニューヨーク市の年平均気温を示すグラフ

2.3.3　ニューヨーク市の月間気温傾向を比較する

ニューヨーク市について、月平均気温が年ごとにどのように変動しているかを見ていきましょう。今回は、1つのグラフで複数の線をプロットする方法を学びます。2000年、2006年、2012年を選びます。年別に12ヶ月の平均気温をプロットします。

最初に、（華氏の）気温を格納する3つのリストを作る必要があります。各リストは、各年の1月から12月の平均気温に対応する12の数からなります。

```
>>> nyc_temp_2000 = [31.3, 37.3, 47.2, 51.0, 63.5, 71.3, 72.3, 72.7, 66.0, 57.0, 45.3, 31.1]
>>> nyc_temp_2006 = [40.9, 35.7, 43.1, 55.7, 63.1, 71.0, 77.9, 75.8, 66.6, 56.2, 51.9, 43.6]
>>> nyc_temp_2012 = [37.3, 40.9, 50.9, 54.8, 65.1, 71.0, 78.8, 76.7, 68.8, 58.0, 43.9, 41.9]
```

1番目のリストは2000年に、2番目は2006年、3番目は2012年に対応します。3つのデータセットを3つのグラフにプロットすることもできますが、それでは他の年との比較が簡単ではありません。試してみてください。

温度を比較するには、3つのデータセットを1つのグラフにプロットすると、わかりやすいでしょう。次のようにします。

```
>>> months = range(1, 13)
>>> plot(months, nyc_temp_2000, months, nyc_temp_2006, months, nyc_temp_2012)
[<matplotlib.lines.Line2D object at 0x7f2549c1f0d0>, <matplotlib.lines.Line2D object at 0x7f2549a61150>, <matplotlib.lines.Line2D object at 0x7f2549c1b550>]
```

最初にリストmonthsを作り、range()関数で1, 2, 3から12までの数を格納します。次に、plot()関数を3対のリストで呼び出します。各対は、x軸にプロットされる月のリストとy軸にプロットされる(2000、2006、2012年のそれぞれの)月平均気温のリストからなります。これまでは、plot()を一対のリストについて使ってきましたが、実際には、複数対のリストをplot()関数に与えられます。各リストはコンマで区切られ、plot()関数は、対ごとに異なる線を自動的にプロットします。

plot()関数は、1つではなく3つのオブジェクトのリストを返します。matplotlibは3つの線をそれぞれ異なると考え、show()を呼び出したときに互いに重ねて描くことを知っています。show()を呼び出してグラフを図2-8のように表示しましょう。

1つのグラフに3つのプロットがあります。Pythonは自動的に各線の色を異なるデータセットごとに選びます。

プロット関数3対を一度に呼び出す代わりに、各対ごとに3回呼び出すこともできます。

```
>>> plot(months, nyc_temp_2000)
[<matplotlib.lines.Line2D object at 0x7f1e51351810 >]
>>> plot(months, nyc_temp_2006)
[<matplotlib.lines.Line2D object at 0x7f1e5ae8e390 >]
>>> plot(months, nyc_temp_2012)
[<matplotlib.lines.Line2D object at 0x7f1e5136ccd0 >]
>>> show()
```

matplotlibは、どのプロットが表示されていないか記録しています。そこで、plot()を3回呼び出すまでshow()をせずに待っていたので、同じグラフに3つのプロットがすべて表示されるのです。

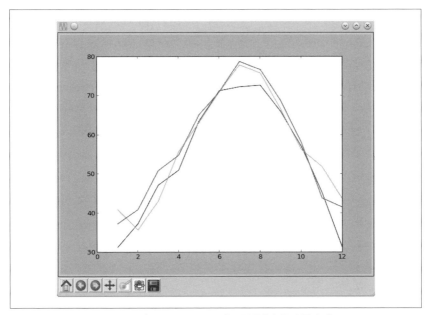

図2-8　2000、2006、2012年のニューヨーク市の月平均気温を示すグラフ

しかし、1つ問題があります。どの色がどの年に対応しているか手がかりがありません。これを解決するために、関数legend()を使ってグラフに凡例を追加します。凡例（legend）はグラフのそれぞれの部分が何を意味するかを説明する小さな四角の枠です。凡例を使って、どの年がどの色に対応するかを示します。凡例を追加するには、最初に、以前と同様にplot()関数を呼び出します。

```
>>> plot(months, nyc_temp_2000, months, nyc_temp_2006, months, nyc_temp_2012)
[<matplotlib.lines.Line2D object at 0x7f2549d6c410>, <matplotlib.lines.Line2D object
at 0x7f2549d6c9d0>, <matplotlib.lines.Line2D object at 0x7f2549a86850>]
```

次に、関数legend()をpylabモジュールからインポートして、次のように呼び出します。

```
>>> from pylab import legend
>>> legend([2000, 2006, 2012])
<matplotlib.legend.Legend object at 0x00000000063050F0>
```

　legend()関数を、グラフ上で説明したいプロットの説明ラベルのリストを引数にして呼び出します。説明ラベルのリストの順番は、plot()関数を呼び出したリスト対の順番に対応します。すなわち、2000が最初の対、2006が第2の対、2012が第3の対です。legend()関数への第2引数として、凡例の位置を指定することもできます。デフォルトでは、グラフの右上に表示されますが、'lower center'、'center left'、'upper left'のように位置を指定できます。あるいは、'best'と位置指定して、凡例をグラフと重ならないようにすることもできます。

　最後に、show()を呼び出してグラフを表示します。

```
>>> show()
```

　グラフ（図2-9参照）からわかるように、凡例の箱が右上隅にあります。それぞれの年がどの線であるかを示します。

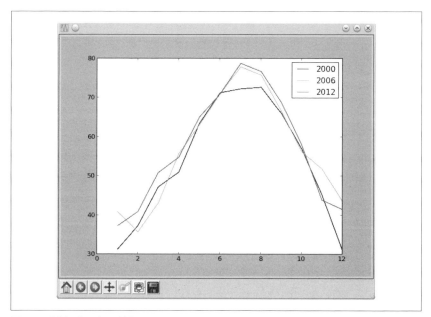

図2-9　凡例で年と色の対応を示した、ニューヨーク市の月平均気温を示すグラフ

グラフからは、2つの興味深い事実がわかります。3年すべての最高温度は、7月（x軸の7に対応）とその周辺で、2000年から上昇していますが、2000年と2006年との間で大きく上昇しています。1つのグラフに3つの線をプロットしたので、この種の関係がはっきりします。長い数のリストを確認したり、3つの別々のグラフにプロットされた線よりずっとわかりやすいものです。

2.3.4 グラフのカスタマイズ

グラフのカスタマイズの1つとして凡例の追加を学びました。他のカスタマイズ方法を学んで、x軸、y軸に説明ラベルを追加したり、グラフの題名をつけたり、軸の範囲と目盛りを調整して、さらにわかりやすくしましょう。

2.3.4.1 題名と説明ラベルを追加する

title()関数を使ってグラフに表題を追加し、関数xlabel()とylabel()を使ってx軸、y軸に説明ラベルを追加できます。先ほどのプロットを再度作成して、この追加情報を全部加えましょう。

```
>>> from pylab import plot, show, title, xlabel, ylabel, legend
>>> plot(months, nyc_temp_2000, months, nyc_temp_2006, months, nyc_temp_2012)
[<matplotlib.lines.Line2D object at 0x7f2549a9e210>, <matplotlib.lines.Line2D object
at 0x7f2549a4be90>, <matplotlib.lines.Line2D object at 0x7f2549a82090>]
>>> title('Average monthly temperature in NYC')
<matplotlib.text.Text object at 0x7f25499f7150>
>>> xlabel('Month')
<matplotlib.text.Text object at 0x7f2549d79210>
>>> ylabel('Temperature')
<matplotlib.text.Text object at 0x7f2549b8b2d0>
>>> legend([2000, 2006, 2012])
<matplotlib.legend.Legend object at 0x7f2549a82910>
```

3関数、title()、xlabel()、ylabel()はいずれも、グラフ上に表示したいテキストを文字列として渡します。show()関数を呼び出すと、これらの新たに追加された情報がグラフに表示されます（**図2-10**参照）。

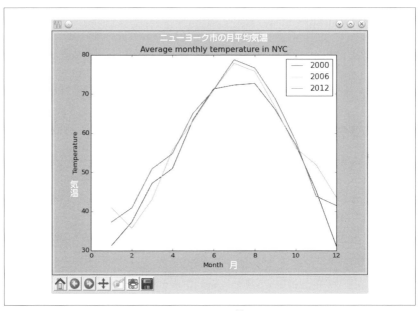

図2-10　グラフに追加された軸の説明ラベルと題名[※1]

3つの情報が追加されて、よりわかりやすいグラフになりました。

2.3.4.2　軸のカスタマイズ

これまで、x軸とy軸の目盛りは、plot()関数に与えられたデータに基づいてPythonが自動的に決定してきました。ほとんどの場合はこれでよいのですが、この自動的な範囲設定が、ニューヨーク市の年平均気温をプロットした例（図2-7参照）のように、わかりやすいデータ表示にならないことがあります。この場合、気温の小さな変動が、自動的に選択されたy軸の範囲が非常に狭いために、大きく見えました。しかし、axis()関数を用いて軸の範囲を調整できます。axis()関数は、軸の現在の範囲を取り出すのにも、新たな範囲を設定するのにも使えます。

再度、2000年から2012年までのニューヨーク市の年平均気温を取り上げて以前同様プロットしましょう。

※1　訳注：題名と説明ラベルの日本語訳を白文字で併記している。

2.3 matplotlibでグラフを作る

```
>>> nyc_temp = [53.9, 56.3, 56.4, 53.4, 54.5, 55.8, 56.8, 55.0, 55.3, 54.0, 56.7, 56.4, 57.3]
>>> plot(nyc_temp, marker='o')
[<matplotlib.lines.Line2D object at 0x7f3ae5b767d0>]
```

axis()関数をインポートして呼び出します。

```
>>> from pylab import axis
>>> axis()
(0.0, 12.0, 53.0, 57.5)
```

関数が、x軸(0.0, 12.0)とy軸(53.0, 57.5)との範囲に対応する4つの数からなるタプルを返しました。これは、図2-6のグラフと同じ範囲です。y軸の始点を53.0から0に変更しましょう。

```
>>> axis(ymin=0)
(0.0, 12.0, 0, 57.5)
```

axis()関数を(ymin=0で指定した)y軸の新たな始点で呼び出すと、範囲が変わり、返されたタプルでそれを確認できます。show()関数を呼び出してグラフを表示すると、y軸は0から始まり、年変化の値はそう大きくは見えなくなります(図2-11参照)。

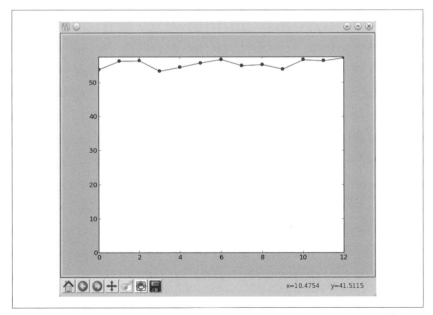

図2-11 2000年から2012年までのニューヨーク市の年平均気温を示すグラフ。y軸は0から始まるように修正された。

同様に、xmin, xmax, ymaxを使って、x軸の最小、最大値、y軸の最大値をそれぞれ設定できます。4つの値すべてを変更するなら、axis([0, 10, 0, 20])のようにaxis()関数を4つの範囲値をリストにして渡すのが簡単です。これは、x軸範囲を$(0, 10)$に、y軸範囲を$(0, 20)$に設定します。

2.3.4.3　pyplotを使ってプロットする

これまで説明したように、pylabモジュールはIDLEシェルのような対話的なシェルでプロットするのに役立ちます。しかし、matplotlibをIDLEシェル以外で、例えば、より大きなプログラムの一部として使う場合には、pyplotモジュールのほうが効率的です。心配は要りません。pylabを使って学んだメソッドについてのことは、pyplotでも同じです。

次のプログラムは、本章の最初のプロットをpyplotモジュールを用いて再現します。

```
'''
Simple plot using pyplot    pyplotを使った簡単なプロット
'''
❶ import matplotlib.pyplot

❷ def create_graph():
     x_numbers=[1,2,3]
     y_numbers=[2,4,6]
     matplotlib.pyplot.plot(x_numbers, y_numbers)
     matplotlib.pyplot.show()

  if __name__ == '__main__':
     create_graph()
```

最初に、import matplotlib.pyplotという文❶を使って、pyplotモジュールをインポートします。これは、matplotlibパッケージから、pyplotモジュール全体をインポートすることを意味します。このモジュールで定義された関数やクラスを参照するには、matplotlib.pyplot.*item*構文を使います。*item*が使いたい関数またはクラスの名前です。

これは、これまで行ってきた、同時に1つの関数またはクラスをインポートするのとは違います。例えば、1章では、from fractions import FractionとFractionクラスをインポートしました。モジュール全体のインポートは、そのモジュールに属す

る多数の関数を使うときに便利です。個別にインポートする代わりに、モジュール全体を一度にインポートして、必要なときにそれぞれの関数を参照します。

❷のcreate_graph()関数では、プロットする2つのリストを作り、pylabで行っていたのと同様にその2つのリストをplot()関数に渡します。しかし、関数名は、matplotlib.pyplot.plot()と呼び出します。matplotlibパッケージのpyplotモジュールで定義されたplot()関数という意味です。そして、グラフを表示するためにshow()関数を呼び出します。以前のものとの相違点は、関数呼び出しだけです。

入力の手間を省くために、import matplotlib.pyplot as pltとpyplotモジュールをインポートすることもできます。そうすれば、pyplotを、matplotlib.pyplotと入力しなくても、プログラムの中ではラベルpltで参照できます。

```
'''
Simple plot using pyplot    pyplotを使った簡単なプロット
'''
import matplotlib.pyplot as plt

def create_graph():
    x_numbers = [1, 2, 3]
    y_numbers = [2, 4, 6]
    plt.plot(x_numbers, y_numbers)
    plt.show()

if __name__ == '__main__':
    create_graph()
```

matplotlib.pyplotの代わりに、短いpltを前に付けるだけで関数を呼び出せます。本書の対話シェルではpylabを、その他ではpyplotを使います。

2.3.5 プロットの保存

グラフを保存するには、savefig()関数を使います。この関数は、グラフを画像ファイルとして保存するので、レポートやプレゼンに使うことができます。PNG, PDF, SVGといった画像フォーマットを選ぶことができます。

例えば次のようになります。

```
>>> from pylab import plot, savefig
>>> x = [1, 2, 3]
>>> y = [2, 4, 6]
```

```
>>> plot(x, y)
[<matplotlib.lines.Line2D object at 0x0000000001267198>]
>>> savefig('mygraph.png')
```

このプログラムは、グラフを画像ファイルmygraph.pngとして現在のディレクトリに保存します。Windowsでは、普通は（Pythonをインストールした）C:\Python33です[*1]。Linuxでは、現在のディレクトリは、ホームディレクトリ（/home/<username>）で、<username>はログインしたユーザ名です。Macでは、IDLEはファイルをデフォルトで~/Documentsに保存します。別のディレクトリに保存したい場合には、完全パス名を指定します。例えば、WindowsでC:\に画像をmygraph.pngとして保存するには、savefig()関数を次のように呼び出します。

```
>>> savefig('C:\mygraph.png')
```

この画像を画像ビューアで開けば、show()関数を呼び出したときに表示されたものと同じグラフが表示されます（画像ファイルにはグラフだけで、show()関数で現れるウィンドウはない）。他の画像フォーマットを指定するには、拡張子をその名前にするだけで済みます。例えば、ファイル名をmygraph.svgとするとSVG画像ファイルができます。

図を保存するには別の方法もあります。show()で現れるウィンドウの保存ボタンでも図を保存できます。

2.4 式をプロットする

これまで、観測データの点をグラフ上にプロットしてきました。これらのグラフでは、xとyの値がすべてわかっていました。例えば、ニューヨーク市の月ごと、年ごとの気温変化を示すグラフでは、気温と日付の記録がありました。本節では、既にあるデータからではなく数式からグラフを作ります。

2.4.1 ニュートンの万有引力の法則

ニュートンの万有引力の法則によれば、質量m_1の物体は質量m_2の別の物体を次の式に従う力Fで引き寄せます。

[*1] 訳注：os.getcwd()で調べるとよい。

$$F = \frac{Gm_1 m_2}{r^2}$$

ここで、rは2つの物体の間の距離、Gは重力定数です。2物体間の距離が増加すると力がどう変化するかを確認してみましょう。

まず2物体の質量を決めましょう。最初の物体 (m_1) の質量を$0.5\,\mathrm{kg}$、第2の物体 (m_2) の質量を$1.5\,\mathrm{kg}$とします。重力定数の値は$6.674 \times 10^{-11}\,\mathrm{Nm^2\,kg^{-2}}$です。2物体間の引力を$100\,\mathrm{m}$、$150\,\mathrm{m}$、$200\,\mathrm{m}$、$250\,\mathrm{m}$、と$1000\,\mathrm{m}$まで$50\,\mathrm{m}$刻みの19の距離について計算します。次のプログラムは2物体間の引力を計算してグラフを描きます。

```
'''
The relationship between gravitational force and      2物体間の万有引力と距離の関係
distance between two bodies
'''
import matplotlib.pyplot as plt
# draw the graph     グラフを描く
def draw_graph(x, y):
    plt.plot(x, y, marker='o')
    plt.xlabel('Distance in meters')
    plt.ylabel('Gravitational force in newtons')
    plt.title('Gravitational force and distance')
    plt.show()
def generate_F_r():
    # generate values for r
❶   r = range(100, 1001, 50)
    # empty list to store the calculated values of F      Fの計算値を格納する空リスト
    F = []
    # constant, G     定数G
    G = 6.674*(10**-11)
    # two masses
    m1 = 0.5
    m2 = 1.5
    # calculate Force and add it to the list, F     引力を計算しリストFに加える
❷   for dist in r:
        force = G*(m1*m2)/(dist**2)
        F.append(force)
    # call the draw_graph function     draw_graph関数呼び出し
❸   draw_graph(r, F)
```

```
if __name__=='__main__':
    generate_F_r()
```

 generate_F_r()関数がほとんどの作業をします。❶では、range()関数を使って、増分値50の距離のすべての値を持つラベルrのリストを作ります。1000を含めたいので停止値は1001に指定します。そして、空リスト（F）を作り、各距離に対応する引力を格納します。次に重力定数のラベル（G）と2つの質量のラベル（m1とm2）を作ります。forループ❷を使って、距離のリスト（r）の各値について引力を計算します。ラベル（force）で計算した引力を参照して、リスト（F）に追加していきます。最後に、❸で距離のリストと計算した引力のリストでdraw_graph()関数を呼び出します。グラフのx軸は引力を、y軸は距離を示します。結果を**図2-12**に示します。

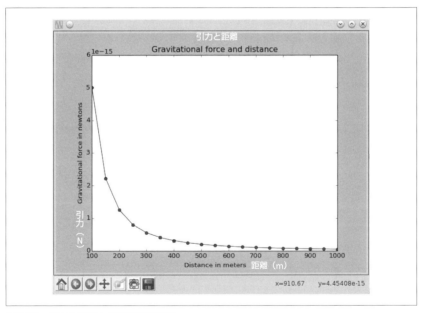

図2-12　引力と距離との関係の可視化

　距離（r）が増加すると、引力は減少します。この種の関係を、引力は2つの物体の距離に**逆比例**（inversely proportional）すると言います。2変数の一方が変化したときに、もう一方が同じ割合で変化しないことにも注意してください。これを**非線形関係**（nonlinear relationship）と言います。結果は、直線ではなく曲線になります。

2.4.2 投射運動

日常生活で馴染みのあることを今度はグラフにしましょう。地上でボールを上に投げると、図2-13に示すような軌跡になります。

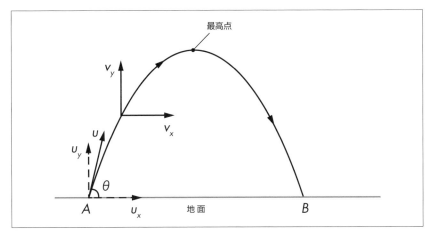

図2-13　点Aで角度θ 速度uで投げて点Bに落ちたボールの運動

この図で、ボールは地点Aで投げられ、地点Bに落下します。この種の運動は**投射**（projectile）運動と呼ばれます。ここでの目的は、投射運動の式を使って、投げられた地点でのボールの位置から再度地上に落下するまでの軌跡を図示することです。

ボールを投げるときには、初速とその速度の向きが地上となす角度とがあります。図2-13のように、初速をu、地上との投射角をθとします。ボールには2つの速度成分、x軸の方向で$u_x = u \cos\theta$と計算されるものと、y軸の方向で$u_y = u \sin\theta$となるものとがあります。

ボールの移動にしたがって、速度が変化します。変化する速度をvで表し、その水平成分をv_x、垂直成分をv_yとします。単純にするために、水平成分（v_x）は物体の運動中は変化しないと仮定し、垂直成分（v）は引力による式$v_y = u_y - gt$にしたがって減少するものとします。この式で、gは重力加速度、tは速度を測った時刻とします。$u_y = u \sin\theta$なので、代入すると次の式になります。

$$v_y = u \sin\theta - gt$$

速度の水平成分は一定なので、水平距離（S_x）は$S_x = u(\cos\theta)t$で求められます。しかし、速度の垂直成分は変化するので、垂直距離は次の式で与えられます。

$$S_y = u(\sin\theta)t - \frac{1}{2}gt^2$$

言い換えると、S_xとS_yがボールが飛んでいる間の与えられた時刻での位置のx座標とy座標とを与えるのです。これらの式を使って、軌跡を描くプログラムを書きます。式を使うとき、時刻 (t) は秒、速度は m/s、投射角度 (θ) は度、重力加速度 (g) は m/s² で表します。

プログラムを書く前に、ボールが落下してくるまでどれだけ長く飛んでいるかを計算して、いつプログラムがボールの軌跡をプロットするのを止めるべきか知っておく必要があります。そのためには、まず、最高点に到達するまでの時間を求めます。ボールは、速度の垂直成分 (v_y) が0になったときに最高点に達します。これは、$v_y = u \sin\theta - gt = 0$ のときです。そこで、次の式を用いてtの値を求めます。

$$t = \frac{u \sin\theta}{g}$$

この時間を t_peak と呼びます。最高点に達した後、ボールは次の t_peak 秒の間は空中にあります。したがって、ボールの全飛行時間 (t_flight) は次のようになります。

$$t_{飛行} = 2t_{頂点} = 2\frac{u \sin\theta}{g}$$

初速 (u) 5 m/s、角度 (θ) 45度で投げたボールを考えましょう。全飛行時間を計算するために、上の式に $u = 5, \theta = 45, g = 9.8$ と代入します。

$$t_{飛行} = 2\frac{5 \sin 45}{9.8}$$

この場合、ボールの飛行時間は0.72154秒（小数第5位までで丸め）となります。ボールは、この期間空中にあるので、軌跡を描くために、この期間に規則的な間隔でx座標とy座標を計算します。座標をいくつ計算すればよいでしょうか。理想的にはできるだけ多くでしょうが、本章では、0.001秒おきに座標を計算します。

2.4.2.1　等間隔浮動小数点数の生成

等間隔の整数を生成するには、range() 関数を使いました。すなわち、要素が1以上10未満のリストを作るのには、range(1, 10) としました。異なる増分値が必要ならrange関数の第3引数で指定しました。残念ながら、浮動小数点数には、そのような組み込み関数がありません。したがって、例えば、0から0.72まで、0.001ごとの

数のリストを作る組み込み関数はありません。次のようにwhileループを使って、自分で関数を作ります。

```
'''
Generate equally spaced floating point    2つの値の間の等間隔な浮動小数点数の生成
numbers between two given values
'''
def frange(start, final, increment):
    numbers = []
❶   while start < final:
❷       numbers.append(start)
        start = start + increment

    return numbers
```

3引数を受け取る（浮動小数点数の範囲を意味する）frange()関数を定義しました。仮引数startは範囲の始点、finalは終点を指し、incrementは連続する2つの値の間の差分を指します。whileループを❶で始め、startで参照される数がfinalの値より小さい間は、ループを繰り返します。startが指す数をリストnumbersに格納（❷）して、incrementで指定した数をループの繰り返しごとに足し込みます。最後に、リストnumbersを返します。

この関数を次に示す軌跡描写プログラムで、等間隔で時刻の生成に使います。

2.4.2.2　軌跡を描く

次のプログラムは、速度と角度の両方が入力として与えられたときに、その速度と角度とで投げられたボールの軌跡を描きます。

```
'''
Draw the trajectory of a body in projectile motion    投射運動物体の軌跡を描く
'''
from matplotlib import pyplot as plt
import math
def draw_graph(x, y):
    plt.plot(x, y)
    plt.xlabel('x-coordinate')
    plt.ylabel('y-coordinate')
    plt.title('Projectile motion of a ball')

def frange(start, final, interval):
```

```
            numbers = []
            while start < final:
                numbers.append(start)
                start = start + interval
            return numbers

    def draw_trajectory(u, theta):
❶       theta = math.radians(theta)
        g = 9.8
        # Time of flight
❷       t_flight = 2*u*math.sin(theta)/g
        # find time intervals
        intervals = frange(0, t_flight, 0.001)
        # list of x and y coordinates
        x = []
        y = []
❸       for t in intervals:
            x.append(u*math.cos(theta)*t)
            y.append(u*math.sin(theta)*t - 0.5*g*t*t)
        draw_graph(x, y)

    if __name__ == '__main__':
❹       try:
            u = float(input('Enter the initial velocity (m/s): '))
            theta = float(input('Enter the angle of projection (degrees): '))
        except ValueError:
            print('You entered an invalid input')
        else:
            draw_trajectory(u, theta)
            plt.show()
```

このプログラムでは、標準ライブラリのmathモジュールで定義される関数radians()，cos()，sin()を使うので、最初にモジュールをインポートします。draw_trajectory()関数は2つの引数uとthetaを受け取りますが、これはボールを投げる速度と角度に対応します。mathモジュールのサイン関数、コサイン関数は、引数にラジアン単位の角度を期待しますから、❶でmath.radians()関数を使って度 (θ) をラジアンに変換します。次に、重力加速度の値9.8 m/s^{2}を指すラベル (g) を作ります。❷では、飛行時間を計算して、frange()関数を仮引数のstart，final，incrementの値をそれぞれ0，t_flight，0.001として呼び出します。それから、時刻ごとに軌跡のx座標とy座標とを計算して、xとyという別々のリスト❸に格納します。座標計算では、51ページで示した距離S_xとS_yを求める式を使います。

最後に、軌跡を描くために、x, y座標を与えて draw_graph() 関数を呼び出します。draw_graph() 関数が show() 関数を呼び出していないことに注意してください（次のプログラムでその理由を説明します）。try...except ブロック❹を使って、ユーザが不当な入力をした場合に、エラーメッセージを出します。このプログラムへの正しい入力は、整数または浮動小数点数です。プログラムを実行すると、値の入力を求めてから軌跡を描きます（図2-14参照）。

```
Enter the initial velocity (m/s): 25
Enter the angle of projection (degrees): 60
```

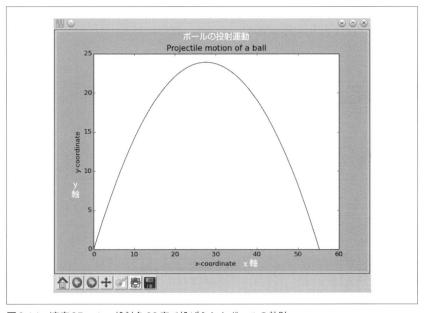

図2-14　速度25 m/s、投射角60度で投げられたボールの軌跡

2.4.2.3　異なる初速の軌跡を比較する

先ほどのプログラムで面白い実験をしましょう。例えば、同じ角度でも初速の異なる3つのボールを投げたら軌跡はどうなるでしょうか。3つの軌跡を1つのグラフに描くために、mainのコードブロックを次のように変更します。

```
    if __name__ == '__main__':

        # list of three different initial velocity   3つの異なる初速のリスト
```

❶
```
u_list = [20, 40, 60]
theta = 45
for u in u_list:
    draw_trajectory(u, theta)

# Add a legend and show the graph   凡例をつけてグラフを表示
```
❷
```
plt.legend(['20', '40', '60'])
plt.show()
```

　ユーザに投射の速度と角度の入力を求める代わりに、❶で速度20, 40, 60のリスト（u_list）を作り、投射角度を45度（ラベルtheta）に設定しました。draw_trajectory()関数を、thetaの同じ値で、u_listの3つの値それぞれについて呼び出しました。これは、x, y座標の値を計算してdraw_graph()関数を呼び出します。show()関数を呼び出すと、3つのプロットが同じグラフに表示されます。1つのグラフに複数のプロットがあるので、show()関数を呼び出してそれぞれの速度の表示を行う前に、❷で凡例をグラフに追加します。これを実行すると図2-15のグラフが表示されます。

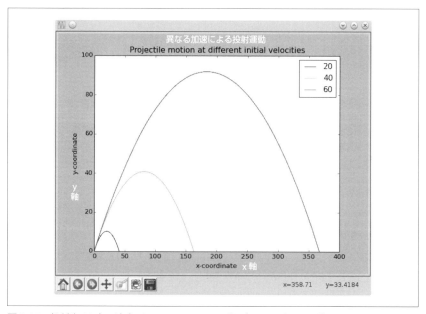

図2-15　投射角60度、速度が20, 40, 60 m/sで投げられたボールの軌跡

2.5 学んだこと

本章では、matplotlibでグラフを作る基本を学びました。値をプロットする方法、同じグラフに複数のプロットを行う方法、グラフをわかりやすくするためにグラフの各部分にどのようにラベルを付けるかという方法を学びました。グラフを使ってある街の温度変化を分析し、ニュートンの万有引力の法則を勉強し、物体の投射運動を検討しました。次章では、Pythonを使って統計を勉強して、グラフを描くことが数の集合での関係の理解をどのように深めるかを紹介します。

2.6 プログラミングチャレンジ

本章で学んだことに基づいた挑戦的課題です。解の例をhttps://www.nostarch.com/doingmathwithpython/に掲載しています。

問題2-1　1日の間に気温はどのように変化するか

Google検索エンジンに「New York weather」と入力すると、今日の気温予報を示すグラフが表示されるでしょう。そのようなグラフの作成が課題です。

都市を選んで、一日のうちのさまざまな時間の気温を見つけてください。そのデータを使って、2つのリストをプログラムで作ります。x軸にその日の時刻、y軸に気温をとります。グラフから、一日に気温がどう変化するかわかります。別の都市を選んで、同じグラフに両方をプロットして、2つの都市を比較してください。

一日の時刻は、`'10:11 AM'`や`'09:21 PM'`のような文字列で示します[※1]。

問題2-2　2次関数を視覚的に探索する

1章で$x^2 + 2x + 1 = 0$のような2次方程式の根の計算法を学びました。この方程式を$y = x^2 + 2x + 1$と書き直して関数にできます。xに値を入れると、2次関数はyの値を生成します。例えば、$x = 1$なら$y = 4$です。6つの異なるxの値についてyの値を計算するプログラムは次のようになります。

```
'''
Quadratic function calculator    2次関数電卓
'''
```

※1　訳注：解答例からわかるように、https://github.com/csparpa/pyowmにデータソースがある。

```
    # assume values of x    xの値
❶   x_values = [-1, 1, 2, 3, 4, 5]
❷   for x in x_values:
        # calculate the value of the quadratic    2次関数の値を計算
        # function
        y = x**2 + 2*x + 1
        print('x={0} y={1}'.format(x, y))
```

❶ではxの6つの値のリストを作ります。❷で始まるforループは、その各値について関数の値を計算して、その結果をラベルyで指します。次に、xと対応するyの値を出力します。プログラムを実行すると次のようなように出力されます。

```
x=-1 y=0
x=1 y=4
x=2 y=9
x=3 y=16
x=4 y=25
x=5 y=36
```

第1行では、関数の値が0になっているので、xの値が2次方程式の解になっています。

課題は、このプログラムを拡張して関数のグラフを作ることです。6個ではなく、少なくとも10個のxの値を使ってください。関数を使ってyの値を計算して、この2つの値集合を使ってグラフを作ります。

グラフを作ったら、yの値がxの値によってどのように変わるか分析してください。変化は線形でしょうか、非線形でしょうか。

問題2-3　投射軌跡比較プログラムの拡張

このチャレンジは、投射軌跡比較プログラムをいくつか拡張することです。第1の拡張は、飛行時間、最大水平距離、最大垂直距離を投射の速度と角度の各組について出力することです。

もう1つの拡張は、投射の初速と角度の値をユーザからいくつでも受け取れるプログラムにすることです。例えば、次のようにユーザに入力を要求します。

```
How many trajectories? 3
Enter the initial velocity for trajectory 1 (m/s): 45
Enter the angle of projection for trajectory 1 (degrees): 45
Enter the initial velocity for trajectory 2 (m/s): 60
```

```
Enter the angle of projection for trajectory 2 (degrees): 45
Enter the initial velocity for trajectory(m/s) 3: 45
Enter the angle of projection for trajectory(degrees) 3: 90
```

元のプログラムがそうであったように、間違った入力でもtry...exceptブロックを使って適切に扱えるようにします。

問題2-4　支出を可視化する

私は月末になるといつも「お金はどこに消えたのだろう？」と不思議に思います。この問題は私だけではないと確信しています。

このチャレンジでは、毎週の支出を簡単に比較できるように棒グラフを作るプログラムを書いてください。プログラムは最初に支出のカテゴリの個数を聞き、各カテゴリの毎週の支出を尋ねてから、支出の棒グラフを作ります。

プログラムの実行例を次に示します。

```
Enter the number of categories: 4
Enter category: Food
Expenditure: 70
Enter category: Transportation
Expenditure: 35
Enter category: Entertainment
Expenditure: 30
Enter category: Phone/Internet
Expenditure: 30
```

図2-16は、支出を比較するために作った棒グラフを示します。毎週の棒グラフを保存しておけば、月末にカテゴリごとに支払いがどのように変化しているかを確認できます。

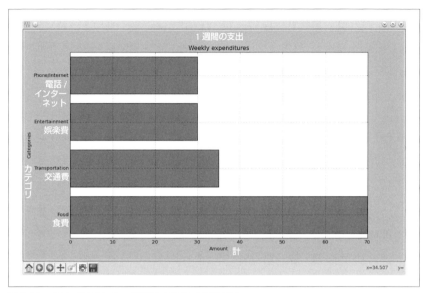

図2-16 カテゴリごとの一週間の支出を示す棒グラフ

matplotlibを使って棒グラフを作ることには触れませんでした。例を用いましょう。

棒グラフはmatplotlibのpyplotモジュールで定義されているbarh()関数で作ることができます。図2-17は、先週の私の歩数を示す棒グラフです。月曜、火曜といった週の曜日はラベルに表示します。水平方向の棒はy軸から始まり、各棒について中央の位置のy座標を指定する必要があります。棒の長さは、指定した歩数に対応します。

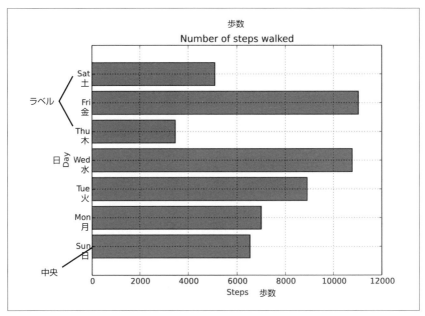

図2-17　1週間の歩数を示す棒グラフ

次のプログラムで棒グラフを作ります。

```
'''
Example of drawing a horizontal bar chart    水平棒グラフを描く例
'''
import matplotlib.pyplot as plt
def create_bar_chart(data, labels):
    # number of bars
    num_bars = len(data)
    # this list is the point on the y-axis where each    次のリストで各棒がy軸の中央に
    # bar is centered. Here it will be [1, 2, 3..]       位置する[1, 2, 3..]となる。
❶   positions = range(1, num_bars+1)
❷   plt.barh(positions, data, align='center')
    # set the label of each bar    棒のラベル設定
    plt.yticks(positions, labels)
    plt.xlabel('Steps')
    plt.ylabel('Day')
    plt.title('Number of steps walked')
    # Turns on the grid which may assist in visual estimation    見てわかるように
    plt.grid()                                                   格子線を表示
```

```
        plt.show()

    if __name__ == '__main__':
        # Number of steps I walked during the past week   先週の歩数
        steps = [6534, 7000, 8900, 10786, 3467, 11045, 5095]
        # Corresponding days
        labels = ['Sun', 'Mon', 'Tue', 'Wed', 'Thu', 'Fri', 'Sat']
        create_bar_chart(steps, labels)
```

create_bar_chart()関数は、2つの引数をとります。dataは、棒を使って表したい数のリスト、labelsは、対応するラベルのリストです。各棒の中心も指定しないといけませんが、❶でrange()関数の助けを借りて適当に1, 2, 3, 4というように選びました。

そして、positionsとdataを最初の2引数、キーワード引数をalign='center'として❷でbarh()関数を呼び出します。キーワード引数は、棒がリストで指定したy軸の位置に中心が来るよう指定します。それから、各棒のラベル、軸のラベル、グラフの表題をyticks()関数を使って設定します。さらに、grid()関数を呼び出して格子の表示をオンにします。これは歩数を見ただけでわかるようにします。最後にshow()関数を呼び出します。

問題2-5　フィボナッチ数列と黄金比の関係を調べる

フィボナッチ数列 $(1, 1, 2, 3, 5, \ldots)$ とは、数列のi番目の数が直前の2つの数、すなわち、$(i-2)$番目と$(i-1)$番目の和となっている数列です。この数列は興味深い関係を示しています。項が増えるに従い、隣り合う数の対の比が互いにほとんど等しくなるのです。その値は、**黄金比** (golden ratio) と呼ばれる特別な値に近づいていきます。黄金比の数値は 1.618033988 . . . で、音楽、建築、博物学などで広く研究されてきました。この課題では、隣り合うフィボナッチ数の比を、例えば、100個についてグラフにプロットするプログラムを書いてください。これは、値が黄金比に近づくことを示します。

最初のn個のフィボナッチ数のリストを返す次のプログラムが、解答の実装に役立つことでしょう。

```
    def fibo(n):
        if n == 1:
            return [1]
```

```
    if n == 2:
        return [1, 1]
    # n > 2
    a = 1
    b = 1
    # first two members of the series
    series = [a, b]
    for i in range(n):
        c = a + b
        series.append(c)
        a = b
        b = c

    return series
```

解の出力は、**図2-18**に示すグラフになるはずです。

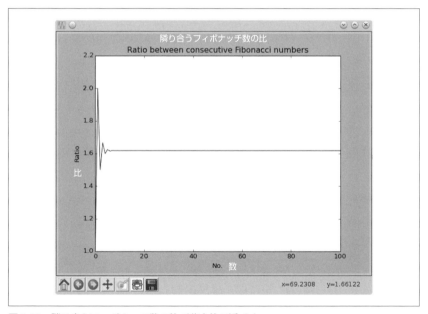

図2-18　隣り合うフィボナッチ数の比が黄金比に近づく

3章
データを統計量で記述する

　本章ではPythonを使って統計を学び、データセットを検討、記述、そしてよりよく理解できるようにします。平均、中央値、最頻値、範囲などの基本統計量を調べてから、分散や標準偏差などの高度な統計量を学びます。それから、2つのデータセット間の関係を定量化する相関係数の計算法を学びます。最後に散布図を学びます。統計量の学習と並行してPython言語と標準ライブラリモジュールについても学びます。一番よく使われる統計量、平均から始めましょう。

　統計では、母集団全体のデータがあるか、標本のデータだけなのかで、統計量の計算法が異なります。話を簡単にするために、本章では母集団での計算法を使います[※1]。

3.1　平均を求める

　算術平均（mean）は数の集合を一言で表す直感的な値です。日常生活で使われる普通の平均（average）[※2]と同じことですが、後で紹介するように、普通の**平均**（average）には他の種類の表し方もあります。数の**標本集合**（sample set）で平均（mean）を計算しましょう。

　例えば学校で、12日間（これを期間Aと呼ぶ）にわたり寄付金を募りました。この期間に、毎日受け取った寄付金の金額（ドル）を次の12個の数値で表します。100,

---

※1　訳注：この部分については、統計の本、例えばBoslaugh著、『統計クイックリファレンス第2版』（オライリー・ジャパン、2015）などを読むとよい。
※2　訳注：本書でのaverageの用法は、通常の算術平均と幾何平均をまとめて「平均」と呼ぶのとは異なり、**代表値**（representative）に近い。中央値などもaverageに分類している。

60, 70, 900, 100, 200, 500, 500, 503, 600, 1000, 1200 です。この金額をすべて足し合わせて日数で割れば平均が計算できます。この場合、総額は 5733 ドルです。これを 12（日数）で割ると 477.75 が得られ、一日あたりの平均寄付金額になります。この数は、ある日にどれだけの金額が寄付されたかの**目安**（general idea）となります。

　まずは、数の集まりの平均を計算して出力するプログラムを書きましょう。先ほど述べたように、平均を計算するには数のリストの和をとり、それをリストの要素数で割る必要があります。その演算をごく簡単に行う Python 関数 sum() と len() について学びましょう。

　sum() 関数に引数として数のリストを指定すると、リスト内のすべての数を足し合わせて結果を返します。

```
>>> shortlist = [1, 2, 3]
>>> sum(shortlist)
6
```

len() 関数に引数として数のリストを指定すると、リストの長さを返します。

```
>>> len(shortlist)
3
```

この場合、shortlist には 3 つ要素があるので、3 を返します。寄付金額リストの平均を計算するプログラムを書く準備が整いました。

```
'''
Calculating the mean     平均を計算
'''

def calculate_mean(numbers):
❶    s = sum(numbers)
❷    N = len(numbers)
     # calculate the mean
❸    mean = s/N

     return mean
if __name__ == '__main__':
❹    donations = [100, 60, 70, 900, 100, 200, 500, 500, 503, 600, 1000, 1200]
❺    mean = calculate_mean(donations)
     N = len(donations)
❻    print('Mean donation over the last {0} days is {1}'.format(N, mean))
```

最初に、仮引数numbersで数のリストを受け取る関数calculate_mean()を定義します。❶では、sum()関数を使ってリストの数を足し合わせ、その総和をラベルsで指します。同様に、❷では、len()関数を使ってリストの長さを求め、ラベルNを作ってそれを指します。それから、❸で和(s)を要素数(N)で割って平均を計算します。❹では、リストdonationsを先ほど述べた寄付金の値のリストに作ります。そして❺では、このリストを引数としてcalculate_mean()関数を呼び出します。最後に❻で、計算した平均を出力します。

プログラムを実行すると、次が出力されるはずです。

```
Mean donation over the last 12 days is 477.75
```

calculate_mean()関数は、どんなリストに対しても和と長さを計算するので、他の数の集合に対しても平均を計算するために再利用できます。

計算の結果、1日あたりの平均寄付金額は477.75ドルでした。最初の数日の寄付は計算した平均寄付金額はよりはるかに少なくて、最後の2日ははるかに高額になっています。平均は、データをまとめる方法の1つですが、完全に様子がわかるわけではありません。データについてより多くのことがわかる統計量は平均の他にもあります。

3.2 中央値を求める

数の集まりの**中央値**(median)がその1つです。中央値を求めるために、数を昇順(ascending order)に整列(sort)します。数のリストの長さが奇数なら、リストの真ん中の数が中央値です。リストの要素が偶数個なら、中央の2数の平均を中央値とします。先ほどの寄付金100, 60, 70, 900, 100, 200, 500, 500, 503, 600, 1000, 1200の中央値を見つけましょう。

最小値から最大値へと整列すると、数のリストは、60, 70, 100, 100, 200, 500, 500, 503, 600, 900, 1000, 1200となります。リストの要素は偶数個(12)なので、真ん中の2数の平均をとって中央値を求める必要があります。この場合は、中央の要素は6番目と7番目で、500と500ですから、平均は(500 + 500)/2で、500です。すなわち、中央値は500です。

この例で、13日目にもう1件寄付があり、リストが100, 60, 70, 900, 100, 200, 500, 500, 503, 600, 1000, 1200, 800となったとします。

もう一度整列すると、60, 70, 100, 100, 200, 500, 500, 503, 600, 800, 900,

1000, 1200となります。このリストには13個（奇数）数があり、中央値は真ん中の要素です。この場合は、7番目の要素で500です。

　数のリストの中央値を求めるプログラムを書く前に、奇数偶数どちらの場合でもリストの真ん中の数を自動的に計算するにはどうすればよいかを考えてみましょう。リストの長さ（N）が奇数なら、真ん中の数は$(N + 1)/2$番目です。Nが偶数なら、真ん中の2数は、$N/2$と$(N/2) + 1$番目です。本節の最初の例は$N = 12$ですから、真ん中の2要素は$12/2$（6番目）と$12/2 + 1$（7番目）です。2番目の例は$N = 13$ですから、7番目$(N + 1)/2$が真ん中の要素です。

　中央値を計算する関数を書くには、リストを昇順に整列する必要があります。sort()メソッドで行います。

```
>>> samplelist = [4, 1, 3]
>>> samplelist.sort()
>>> samplelist
[1, 3, 4]
```

数のリストの中央値を求める次のプログラムを書くことができます。

```
'''
Calculating the median    中央値を計算
'''

def calculate_median(numbers):
❶    N = len(numbers)
❷    numbers.sort()

    # find the median    中央値を求める
    if N % 2 == 0:
        # if N is even
        m1 = N/2
        m2 = (N/2) + 1
        # convert to integer, match position    整数に変換、位置合わせ
❸        m1 = int(m1) - 1
❹        m2 = int(m2) - 1
❺        median = (numbers[m1] + numbers[m2])/2
    else:
❻        m = (N+1)/2
        # convert to integer, match position    整数に変換、位置合わせ
        m = int(m) - 1
        median = numbers[m]
```

```
        return median

if __name__ == '__main__':
    donations = [100, 60, 70, 900, 100, 200, 500, 500, 503, 600, 1000, 1200]
    median = calculate_median(donations)
    N = len(donations)
    print('Median donation over the last {0} days is {1}'.format(N, median))
```

プログラム全体の構造は、平均を計算するプログラムと似ています。calculate_median()関数は、数のリストを引数として取って、中央値を返します。❶では、リストの長さを計算して、ラベルNを作り、長さを指します。次に❷でsort()メソッドを使ってリストを整列します。

それから、Nが偶数か調べます。偶数なら、整列したリストのN/2と(N/2) + 1にあるm1とm2という真ん中の要素を見つけます。次の2文（❸と❹）は、m1とm2を調整します。まず、int()関数を使って整数の形式にします。除算演算子が、結果が整数に等しくても浮動小数点数を返すので、調整が必要です。例えば、次の通りです。

```
>>> 6/2
3.0
```

リストでは添字には整数しか使えないので、int()を使って浮動小数点数から整数に変換します。m1とm2の両方から1を引くのは、Pythonのリストの位置が0から始まるためです。すなわち、リストの6番目と7番目の数を得るには、添字5と添字6の数を求めます。❺で、真ん中の位置にある2数の平均を計算して中央値が求まります。

プログラムは❻で、リストの要素が奇数個のときに中央値を見つけます。再度int()を使い、1引いて正しい添字を求めます。最後にプログラムは寄付金のリストの中央値を見つけて返します。プログラムを実行すると、中央値を500と計算します。

```
Median donation over the last 12 days is 500.0
```

平均値（477.75）と中央値（500.0）は、このリストでは極めて近いのですが、中央値のほうが少し大きくなっています。

3.3　最頻値を求め度数分布表を作る

　数集合の平均値や中央値ではなく、最も多く出現している値を求めたいとしたらどうでしょうか。最も多く出現する値は**最頻値**（mode）と呼ばれます。例えば、20人のクラスで、数学のテスト（10点満点）の成績7, 8, 9, 2, 10, 9, 9, 9, 9, 4, 5, 6, 1, 5, 6, 7, 8, 6, 1, 10を考えましょう。このリストの最頻値は、クラスではどの点数が一番多いかを示します。リストから、9点が最も多いことがわかるので、9がこの数のリストの最頻値です。最頻値を計算する数式はありません。数が何回出現しているか数えて、一番多く現れるのを見つけるだけです。

　最頻値を計算するプログラムを書くには、リストの中で各数が何個あるかをPythonで数え、一番多い数を出力する必要があります。標準ライブラリの一部であるcollectionsモジュールのCounterクラスを使うと簡単です。

3.3.1　一番多い要素を見つける

　データセットで一番多い要素を見つけるのは、個数の多い順に要素を並べていくという問題の下位問題です。例えば、一番多い点数ではなく、一番多い点数を上から5つ知りたいという問題です。Counterクラスのmost_common()メソッドがそのような問いに簡単に答えてくれます。例を紹介しましょう。

```
>>> simplelist = [4, 2, 1, 3, 4]
>>> from collections import Counter
>>> c = Counter(simplelist)
>>> c.most_common()
[(4, 2), (1, 1), (2, 1), (3, 1)]
```

　まず5つの数のリストで始め、collectionsモジュールからCounterをインポートします。次にCounterオブジェクトを作り、cを使ってそのオブジェクトを指します。そして、most_common()メソッドを呼び出すと、要素の個数が多い順のリストを返します。

　リストの要素はタプルです。最初のタプルの1番目の要素は、一番多く出現する数で、2番目の要素は出現回数です。2番目、3番目、4番目のタプルは、他の数を出現回数とともに含みます。4が一番多く（2回）、他は1回しか現れないことがわかります。同じ回数出現した数は、most_common()メソッドで適当な順番に並んでいることに注意してください。

most_common()メソッドを呼び出すとき、引数に上から何個一番多い要素が欲しいかを指定できます。例えば、一番多い要素だけを知りたいなら、引数に1を指定します。

```
>>> c.most_common(1)
[(4, 2)]
```

引数を2にしてこのメソッドを呼び出すと、次のようになります。

```
>>> c.most_common(2)
[(4, 2), (1, 1)]
```

most_common()メソッドが返した結果は、2タプルのリストです。最初が一番多い要素、次が2番目に多い要素です。この場合には、同じ順位の要素が複数ありますから、関数が（2や3ではなく）1を返したのは、既に注意したように、たまたまに過ぎません。

most_common()メソッドは、出現回数の多い数とその出現回数の両方を返します。出現回数は必要なく、数だけ求めたい場合はどうでしょうか。どのように情報を取り出すかを次に示します。

❶ ```
>>> mode = c.most_common(1)
>>> mode
[(4, 2)]
```
❷ ```
>>> mode[0]
(4, 2)
```
❸ ```
>>> mode[0][0]
4
```

❶でラベルmodeを使ってmost_common()メソッドが返した結果を指します。mode[0]（❷）でリストの最初の（実は唯一の）要素だけを取り出します。これはタプルです。タプルの第1要素だけが欲しいので、mode[0][0]（❸）を使って取り出します。これで、一番多い要素、すなわち、最頻値4を返します。

most_common()メソッドがどう働くかわかったので、これを使って次の2つの課題に取り組みます。

### 3.3.2 最頻値を探す

数のリストの最頻値を探すプログラムを書く準備が整いました。
```

```
'''
Calculating the mode    最頻値を計算
'''

from collections import Counter

def calculate_mode(numbers):
❶       c = Counter(numbers)
❷       mode = c.most_common(1)
❸       return mode[0][0]

if __name__=='__main__':
    scores = [7,8,9,2,10,9,9,9,9,4,5,6,1,5,6,7,8,6,1,10]
    mode = calculate_mode(scores)

    print('The mode of the list of numbers is: {0}'.format(mode))
```

　calculate_mode()関数は引数に指定した数の最頻値を見つけて返します。最頻値の計算のため、最初にcollectionsモジュールからクラスCounterをインポートし、それを使って❶でCounterオブジェクトを作ります。次に❷でmost_common()メソッドを使い、既に説明したように、最も多い数とその出現回数とのタプルを取得します。そのリストをラベルmodeに割り付けます。最後にmode[0][0] (❸)を使って、目的の、リストの中で最も頻繁に現れている数、最頻値を取り出します。

　プログラムの残りは、calculate_mode関数を既に示した点数リストに適用します。プログラムを実行すると、次のように出力されるはずです。

```
The mode of the list of numbers is: 9
```

　2つ以上の数が同じ回数だけ最も多く出現していたらどうでしょうか。例えば、数のリスト、5, 5, 5, 4, 4, 4, 9, 1, 3、では、4も5も3回あります。このような場合、数のリストは複数の最頻値を持ち、プログラムはすべての最頻値を見つけて出力すべきです。修正プログラムは次のようになります。

```
'''
Calculating the mode when the list of numbers may
have multiple modes    数のリストに複数の最頻値があるときに最頻値を計算
'''

from collections import Counter
```

```python
def calculate_mode(numbers):

    c = Counter(numbers)
❶   numbers_freq = c.most_common()
❷   max_count = numbers_freq[0][1]

    modes = []
    for num in numbers_freq:
❸       if num[1] == max_count:
            modes.append(num[0])
    return modes

if __name__ == '__main__':
    scores = [5, 5, 5, 4, 4, 4, 9, 1, 3]
    modes = calculate_mode(scores)
    print('The mode(s) of the list of numbers are:')
❹   for mode in modes:
        print(mode)
```

❶で最も多い要素を見つけるだけでなく、すべての数とその出現回数とを取り出します。次に❷で最大出現回数を見つけます。それから、各数について、その出現回数が最大値に等しいかどうかを調べます（❸）。この条件を満たす数は、最頻値です。それらをリストmodesに追加してから、このリストを返します。

❹では、calculate_mode()関数が返したリストを繰り返して各数を出力します。

このプログラムを実行すると次のように出力されます。

```
The mode(s) of the list of numbers are:
4
5
```

最頻値だけではなく、すべての数について出現回数を見つけたいならどうでしょうか。**度数分布表**（frequency table）は、名前の通り、数の集まりの中で各数が何回出現するかを示す表です。

3.3.3 度数分布表を作る

試験点数のリスト7, 8, 9, 2, 10, 9, 9, 9, 9, 4, 5, 6, 1, 5, 6, 7, 8, 6, 1, 10をもう一度考えましょう。このリストの度数分布表を**表3-1**に示します。各数について出現回数を第2列に記します。

表3-1 度数分布表

点数	頻度
1	2
2	1
4	1
5	2
6	3
7	2
8	2
9	5
10	2

　第2列の頻度を足し合わせると点数の総個数（この場合は20）になることに注意します。

　most_common()メソッドを再度使い、数集合の度数分布表を出力します。most_common()メソッドに引数を指定しなければ、すべての数とその出現回数のタプルのリストを返すことを思い出してください。このリストの各数とその頻度とを出力すれば、度数分布表を示すことができます。

　プログラムは次のようになります。

```
'''
Frequency table for a list of numbers   数のリストの度数分布表
'''

from collections import Counter
def frequency_table(numbers):
❶     table = Counter(numbers)
    print('Number\tFrequency')
❷     for number in table.most_common():
        print('{0}\t{1}'.format(number[0], number[1]))

if __name__=='__main__':
    scores = [7, 8, 9, 2, 10, 9, 9, 9, 9, 4, 5, 6, 1, 5, 6, 7, 8, 6, 1, 10]
    frequency_table(scores)
```

　関数frequency_table()は、受け取った数のリストの度数分布表を出力します。❶で、Counterオブジェクトとそれを指すラベルtableを作ります。次に、forループ❷を使って、それぞれのタプルについて、第1要素（数）と第2要素（対応する数の頻度）をそれぞれ出力します。\tを使って、表の値の間にタブを出力します。プログラムを

実行すると次のような出力になります。

```
Number   Frequency
9        5
6        3
1        2
5        2
7        2
8        2
10       2
2        1
4        1
```

most_common()関数が数を出現回数の降順で返すために、度数分布表の数の順序も降順であることがわかります。度数分布表では、**表3-1**のように数値の昇順に出力したい場合には、タプルのリストを再整列する必要があります。

この度数分布表プログラムの修正に必要なのはsort()メソッドだけです。

```
'''
Frequency table for a list of numbers    数のリストの度数分布表
Enhanced to display the table sorted by the numbers   数の順に表示するよう修正
'''

from collections import Counter

def frequency_table(numbers):
    table = Counter(numbers)
❶   numbers_freq = table.most_common()
❷   numbers_freq.sort()

    print('Number\tFrequency')
❸   for number in numbers_freq:
        print('{0}\t{1}'.format(number[0], number[1]))

if __name__ == '__main__':
    scores = [7,8,9,2,10,9,9,9,9,4,5,6,1,5,6,7,8,6,1,10]
    frequency_table(scores)
```

今度は、❶のnumbers_freqにmost_common()メソッドで返されたリストを格納して、sort()メソッド❷を呼んで整列します。最後に、forループを整列したタプルに使って、数と頻度をそれぞれ出力します（❸）。このプログラムを実行すると、**表3-1**

と同じ次の表が得られます。

Number	Frequency
1	2
2	1
4	1
5	2
6	3
7	2
8	2
9	5
10	2

　本節では、平均値、中央値、最頻値を扱いましたが、これらは数のリストを記述する3つの一般的統計量です。それぞれに役立ちますが、個別に考えれば、他の側面を隠蔽しています。次節では、より高度な、数の集まりについてより多くの結論を引き出す手助けをしてくれる他の統計量を見ていきます。

3.4　散らばりを測る

　今度の統計計算では、**散らばり**（dispersion）の程度、データセットで数がどれだけ平均から離れているかの測定を見ていきます。散らばりの3つの異なる測定量、範囲、分散、標準偏差を計算する方式を学びます。

3.4.1　数集合の範囲を決める

　再度、期間Aの寄付金のリスト100, 60, 70, 900, 100, 200, 500, 500, 503, 600, 1000, 1200を考えましょう。1日あたりの平均寄付金額が477.75ドルでした。しかし、平均を見ただけでは、すべての寄付金が狭い範囲、例えば400から500なのか、例えばこの事例のように60から1200までのように、大きく変動するのかどうかがわかりません。数のリストについて、**範囲**（range）とは最大数と最小数との差異です。数のグループが2つあったとして、平均値が同じでも範囲がまったく異なることがありえます。したがって、範囲がわかれば、平均値、中央値、最頻値だけから得られる情報よりもさらに多くの情報が得られることになります。

　次のプログラムは、先ほどの寄付金額のリストの範囲を見つけます。

```
'''
Find the range    範囲を決める
'''

def find_range(numbers):

❶    lowest = min(numbers)
❷    highest = max(numbers)
     # find the range
     r = highest-lowest

❸    return lowest, highest, r

if __name__ == '__main__':
    donations = [100, 60, 70, 900, 100, 200, 500, 500, 503, 600, 1000, 1200]
❹    lowest, highest, r = find_range(donations)
     print('Lowest: {0} Highest: {1} Range: {2}'.format(lowest, highest, r))
```

関数 find_range() はリストを引数に取り範囲を見つけます。最初に、min() と max() 関数を❶と❷で使い、最小と最大の数を見つけます。関数名が示すように、min() は数のリストの最小値を、max() は最大値を見つけます。

そして、最大の数と最小の数との差をとることによって範囲を計算し、ラベル r で指します。❸では、この3つの数すべて、最小、最大、範囲を返します。これは本書で初めて、関数がただ1つの値ではなく複数の値を、この場合は3つ、返すものです。❹では、3つのラベルを使って、find_range() 関数から返される3つの値を**受け取り** (receive) ます。最後に値を出力します。プログラムを実行すると次の出力になります。

Lowest: 60 Highest: 1200 Range: 1140

これは、1日の寄付金額は、最小が60、最大が1200となるため、かなり散らばっていて、範囲が1140になることを示します。

3.4.2 分散と標準偏差を求める

範囲は、数集合の2つの極値の間の差異を示しますが、すべての値がどのように平均値と違っているかをさらに知りたいならどうしましょうか。みんな同じように平均値の周りに集中しているでしょうか、あるいは、全部がバラバラで極値に近いのでしょうか。数のリストについて詳しく教えてくれる散らばりの2つの関連した測度に、**分散** (variance) と**標準偏差** (standard deviation) があります。どちらを計算するに

しても、最初にそれぞれの数の平均からの差（偏差）を見つける必要があります。分散は、それらの差の2乗の平均です。分散が大きいとは、値が平均から大きく離れていることを意味します。分散が小さいとは、値が平均の近くにかたまっていることを意味します。次の式を使って分散を計算します。

$$分散 = \frac{\sum(x_i - x_{平均})^2}{n}$$

この式で、x_iは個々の数（この場合は、1日の総寄付金額）、$x_{平均}$はこれらの数の平均（平均寄付金額）、nはリストの中の値の個数（寄付を受け取った日数）です。リストの各値について、その数と平均との差をとり2乗します。それから、差の2乗をすべて足し合わせて、最後に、総和をnで割って、分散を計算します。

標準偏差も計算は、分散の平方根をとるだけで計算できます。1標準偏差の範囲内の値は、かなり典型的な普通の値と考えられ、3標準偏差以上にある値は、ずっと例外的だと考えられて、**外れ値**（outlier）と呼ばれます。

このような散らばりを表す2つの測度、分散と標準偏差はなぜあるのでしょうか。手短に答えれば、さまざまな状況でこの2つの測度が役に立つからです。分散を計算した式に戻れば、分散が平均からの差の2乗の平均であるために、2乗単位で表現されていることに気付きます。一方、標準偏差は、母集団データと同じ単位で表現されています。例えば、寄付金リストの分散を（これから行うように）計算すると、結果は2乗ドルで表現されますが、これはあまり意味をなしません。他方、標準偏差の単位はドルで、寄付金と同じ単位で表現します。

次のプログラムは、数のリストの分散と標準偏差を求めます。

```
'''
Find the variance and standard deviation of a list of numbers
'''

def calculate_mean(numbers):
    s = sum(numbers)
    N = len(numbers)
    # calculate the mean
    mean = s/N

    return mean

def find_differences(numbers):
```

> 数のリストの分散と標準偏差を求める

```
        # find the mean
        mean = calculate_mean(numbers)
        # find the differences from the mean
        diff = []

        for num in numbers:
            diff.append(num-mean)
        return diff

    def calculate_variance(numbers):

        # find the list of differences   差のリストを求める
❶       diff = find_differences(numbers)
        # find the squared differences   差の2乗を求める
        squared_diff = []
❷       for d in diff:
            squared_diff.append(d**2)
        #find the variance   分散を求める
        sum_squared_diff = sum(squared_diff)
❸       variance = sum_squared_diff/len(numbers)
        return variance

    if __name__ == '__main__':
        donations = [100, 60, 70, 900, 100, 200, 500, 500, 503, 600, 1000, 1200]
        variance = calculate_variance(donations)
        print('The variance of the list of numbers is {0}'.format(variance))   分散は
❹       std = variance**0.5
        print('The standard deviation of the list of numbers is {0}'.format(std))
                                                                      標準偏差は
```

関数calculate_variance()は、受け取った数のリストの分散を計算します。最初に、❶でfind_differences()関数を呼び出し、各数の平均からの差を計算します。find_differences()関数は、各寄付金の平均値からの差をリストにして返します。この関数では、前に書いたcalculate_mean()関数を使って平均寄付金額を求めます。そして❷で、差の2乗を計算して、squared_diffというラベルのリストに保存します。次に、sum()関数を使って差の2乗の和を求め、最後に❸で分散を計算します。❹では、分散の平方根をとって、標準偏差を計算します。

このプログラムを実行すると次のように出力されます。

```
The variance of the list of numbers is 141047.35416666666
```
リストの数の分散は141047.35416666666
```
The standard deviation of the list of numbers is 375.5627166887931
```
リストの数の標準偏差は375.5627166887931

　分散と標準偏差は両方とも非常に大きくて、一日の総寄付金が平均から大きく変動していることを意味します。さて、平均が同じだが異なる寄付金集合、{382, 389, 377, 397, 396, 368, 369, 392, 398, 367, 393, 396}の分散と標準偏差とを比べてみましょう。これの場合、分散と標準偏差は、それぞれ135.38888888888889と11.6356731171380にとなります。分散と標準偏差の値が低いことは、個々の数が平均値に近いことを示します。図3-1は、このことを可視化しています。

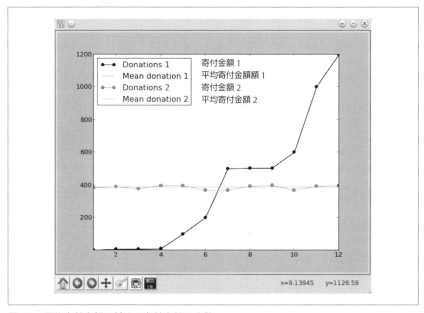

図3-1　平均寄付金額に対する寄付金額の分散

　両方の寄付金リストの平均寄付金額は同じですから、2つの線は重なっていて図では1本の線に見えます。しかし、最初のリストの寄付金は平均から大きくずれているのに、第2リストの寄付金は平均に非常に近くて、分散値が低いことから推論したことが正しいと確認できます。

3.5 2つのデータセットの相関を計算する

　本節では、2つの数集合の関係の性質と強さを教えてくれる統計量、**ピアソンの相関係数** (Pearson correlation coefficient) の計算法を学びます。本書では単に**相関係数**と呼びます。この係数は、線形 (linear) 関係の強さを測っていることに注意してください。2つのデータセットが非線形関係にあるときには、係数を見つけるのに他の測度 (ここでは論じません) を使わなければならないでしょう。係数は、正または負で、大きさは−1以上1以下です。

　相関係数が0ということは、2つの量の間に線形相関がないことを意味します (これは、2つの量が必ずしも独立なわけではありません。例えば、両者の間に非線形関係があることも考えられます)。1または1に近い係数は、強い正の線形相関があることを示します。正確に1の係数は、完全正相関と呼ばれます。同様に、−1または−1に近い相関係数は、強い負の相関を示し、−1は完全負相関を示します。

相関と因果

　統計では、「相関は因果を含意しない」(correlation doesn't imply causation) という文をよく見かけます。これは、たとえ、2つの観察集合が互いに強い相関であっても、それは、一方の変数がもう一方の原因を意味しないということです。2変数が強い相関であるときには、両方の変数に影響して、相関を説明する第3因子が存在することがよくあります。古典的な例が、アイスクリームの売上と犯罪率の相関です。典型的な都市で、この両変数を調べてみると、たいてい相関が見つかります。しかし、これはアイスクリームの売上が犯罪を引き起こす (あるいは、その反対) ことを意味していません。アイスクリームの売上と犯罪率とが相関するのは、両方とも、夏に気温が上がると高くなるからです。もちろん、これは天候が直接犯罪率を上げることを意味するものでもありません。相関の背景にはより複雑な原因があるのです。

3.5.1 相関係数を計算する

　相関係数は次の式で計算します。

$$\frac{n\sum xy - \sum x \sum y}{\sqrt{\left(n\sum x^2 - (\sum x)^2\right)\left(n\sum y^2 - (\sum y)^2\right)}}$$

この式で、n は各数の集合（集合は同じ長さでなければならない）にある値の総数です。2つの数集合は、x と y（x と y を入れ替えても結果は同じ）で示します。他の項の説明は次の通りです。

$\sum xy$　　2つの数集合 x と y の個別要素の積和
$\sum x$　　　集合 x の数の和
$\sum y$　　　集合 y の数の和
$(\sum x)^2$　　集合 x の数の和の2乗
$(\sum y)^2$　　集合 y の数の和の2乗
$\sum x^2$　　集合 x の数の2乗和
$\sum y^2$　　集合 y の数の2乗和

項の計算を行ってから、公式にしたがって組み合わせて、相関係数を求めることができます。リストが小さければ、手計算でも大変ではありませんが、数集合のサイズが増えるにつれて、確かに面倒になります。

すぐ後で、相関係数を計算するプログラムを書きます。そのプログラムでは、2つの数集合から積の和を計算するのを手助けしてくれる zip() 関数を使います。zip() 関数がどう働くかの例を次に示します。

```
>>> simple_list1 = [1, 2, 3]
>>> simple_list2 = [4, 5, 6]
>>> for x, y in zip(simple_list1, simple_list2):
        print(x, y)

1 4
2 5
3 6
```

zip() 関数は、x と y との対応する要素の対を返しますから、それをループに使って他の演算（先ほどのコードのような出力など）ができます。2つのリストの長さが違うと、関数は小さなリストの全要素が読み込まれたところで停止します。

相関係数を計算するプログラムを書く用意が整いました。

```
        def find_corr_x_y(x,y):
            n = len(x)
            # find the sum of the products   積の和を求める
            prod = []
❶          for xi,yi in zip(x,y):
                prod.append(xi*yi)
❷          sum_prod_x_y = sum(prod)
❸          sum_x = sum(x)
❹          sum_y = sum(y)
            squared_sum_x = sum_x**2
            squared_sum_y = sum_y**2
            x_square = []
❺          for xi in x:
                x_square.append(xi**2)
            # find the sum   和を求める
            x_square_sum = sum(x_square)
            y_square=[]
            for yi in y:
                y_square.append(yi**2)
            # find the sum   和を求める
            y_square_sum = sum(y_square)

            # use formula to calculate correlation   式を使って相関を計算
❻          numerator = n*sum_prod_x_y - sum_x*sum_y
            denominator_term1 = n*x_square_sum - squared_sum_x
            denominator_term2 = n*y_square_sum - squared_sum_y
❼          denominator = (denominator_term1*denominator_term2)**0.5
❽          correlation = numerator/denominator

            return correlation
```

find_corr_x_y()関数は、相関を計算したい2つの数集合、xとyとを引数に取ります。関数の冒頭で、リストの長さを求め、ラベルnを作って、長さを指します。次に❶で、zip()関数を使って、各リストの対応する値の積を（各リストの第1要素の積、第2要素の積というように）計算するforループを実行します。append()メソッドを使って、これらの積をラベルがprodのリストに追加します。

❷では、prodに格納された積をsum()関数を使って計算します。❸と❹の文では、xとyの数の和をそれぞれ（再度、sum()関数を使い）計算します。それから、xとyの要素の和の2乗を計算し、ラベルsquared_sum_xとsquared_sum_yを作って、それぞれを指します。

❺から始まるループでは、xの各要素の2乗を計算して、それらの総和を見つけます。そして、同じことをyの要素についても行います。相関を計算するのに必要なすべての項が揃ったので、文❻、❼、❽で計算をします。最後に相関を返します。相関は、一般的なメディアでも科学論文でも、統計研究においてよく使われる統計量です。場合によっては、相関のあることが前もってわかっており、相関の強さだけを求めたいこともあります。この例を、「3.7.2 CSVファイルからデータを読み込む」で取り上げ、ファイルから読み込まれたデータ間の相関を計算します。場合によっては、相関があるかどうかわからず、(後の例でのように)実際に相関があることを検証するためにデータを調べなければならないこともあります。

3.5.2 高校の成績と大学入試の点数

本節では、高校生10人のグループを想定して、学校での成績と大学入試での点数との間に関係があるかどうかを調べます。**表3-2**に、この検討のために仮定し、実験に用いるデータを示します。「高校の成績」の列は、学生の高校の成績を100点法で示し、「大学入試の点数」の列は、大学入試での100点法を示します。

表3-2 高校の成績と大学入試の点数

高校の成績	大学入試の点数
90	85
92	87
95	86
96	97
87	96
87	88
90	89
95	98
98	98
96	87

このデータを分析するために、**散布図**(scatter plot)を使います。**図3-2**は、このデータセットの散布図を、x軸に高校の成績を、y軸に対応する大学入試の点数をとって示します。

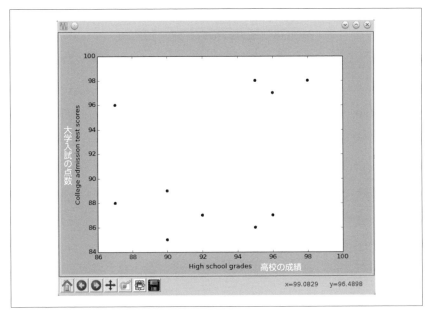

図3-2 高校の成績と大学入試点数の散布図

　データの散布図は、高校で成績のよい学生が必ずしも大学入試でよい点数を取るわけでもなく、その逆も成り立たないことを示しています。高校の成績が悪い学生が大学入試で非常によい点を取ったり、逆に高校の成績が優秀な学生でも大学入試の出来がさほどよくないことがあります。2つのデータセットの相関係数を（先ほど書いたプログラムを使って）計算すると、約0.32になることがわかります。これは、相関があるものの、あまり強くないことを示します。相関が1に近ければ、それが散布図に反映されるはずで、点は、真っ直ぐな対角方向の線に近いように分布するはずです。

　表3-2の高校生の成績が、数学、理科、英語、社会の成績の平均だと仮定しましょう。また、大学入試では、数学が他の科目よりも高く評価されるとしましょう。学生の高校の成績全体を見るのではなくて、数学の成績だけに注目して、大学入試にどのような傾向があるか調べましょう。表3-3は、数学の成績（100点法）と大学入試の点数とを示します。対応する散布図を図3-3に示します。

表3-3　高校の数学の成績と大学入試の点数

高校の成績	大学入試の点数
83	85
85	87
84	86
96	97
94	96
86	88
87	89
97	98
97	98
85	87

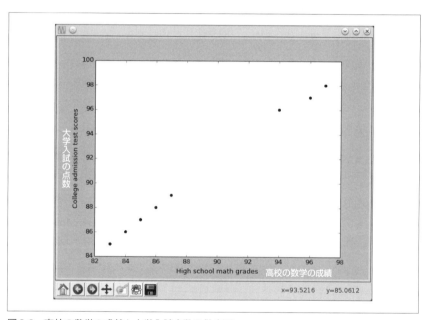

図3-3　高校の数学の成績と大学入試点数の散布図

　今度の散布図（**図3-3**）では、データ点がほとんど直線上に乗っています。これは、高校での数学の成績と大学入学試験の点数との間に強い相関のあることを示します。この場合、相関係数は、ほぼ1です。散布図と相関係数とから、このデータセットでは、高校での数学の成績と大学入学試験の点数との間に強い関係があると結論できます。

3.6 散布図

前節で、2つの数集合の間に相関があることを散布図の例で示しました。この節では、4つのデータセットを取り上げて、散布図を分析することの重要性を理解します。これらのデータセットは、統計的測定の結果であり、同じものなのですが、各データセットの散布図は、重要な違いを明らかにします。

最初に、Pythonで散布図をどのように作るかを説明します。

```
>>> x = [1, 2, 3, 4]
>>> y = [2, 4, 6, 8]
>>> import matplotlib.pyplot as plt
>>> plt.scatter(x, y)
<matplotlib.collections.PathCollection object at 0x7f351825d550>
>>> plt.show()
```
❶ は `plt.scatter(x, y)` の行を指します。

scatter()関数を使って2つの数のリストxとyとの散布図を作ります（❶）。このプロットと2章で作ったプロットとの唯一の違いは、plot()関数ではなくscatter()関数を使っていることです。プロットの表示にはshow()を呼び出します。

散布図についてさらに学ぶため、統計学者のFrancis Anscombe[※1]の『Graphs in Statistical Analysis』のデータを参照します。この研究は、**アンスコムの4つ組**（Anscombe's quartet）と呼ばれる4つの異なるデータセットを考えます。これらは、統計的な性質のうち、平均、分散、および相関係数が同じです。

データセットを**表3-4**に示します（原書『Graphs in Statistical Analysis』から再録）。

対(X1, Y1), (X2, Y2), (X3, Y3), (X4, Y4)をそれぞれA, B, C, Dと呼びます。**表3-5**は、小数点2桁で丸めたデータセットの統計指標を示します。

[※1] 原注：F. J. Anscombe, "Graphs in Statistical Analysis," American Statistician 27, no. 1 (1973): 17–21.

表3-4 アンスコムの4つ組:ほとんど同じ統計的指標を持つ4つの異なるデータセット

A		B		C		D	
X1	Y1	X2	Y2	X3	Y3	X4	Y4
10.0	8.04	10.0	9.14	10.0	7.46	8.0	6.58
8.0	6.95	8.0	8.14	8.0	6.77	8.0	5.76
13.0	7.58	13.0	8.74	13.0	12.74	8.0	7.71
9.0	8.81	9.0	8.77	9.0	7.11	8.0	8.84
11.0	8.33	11.0	9.26	11.0	7.81	8.0	8.47
14.0	9.96	14.0	8.10	14.0	8.84	8.0	7.04
6.0	7.24	6.0	6.13	6.0	6.08	8.0	5.25
4.0	4.26	4.0	3.10	4.0	5.39	19.0	12.50
12.0	10.84	12.0	9.13	12.0	8.15	8.0	5.56
7.0	4.82	7.0	7.26	7.0	6.42	8.0	7.91
5.0	5.68	5.0	4.74	5.0	5.73	8.0	6.89

表3-5 アンスコムの4つ組:統計的指標

データセット	X		Y		相関
	平均	標準偏差	平均	標準偏差	
A	9.00	3.32	7.50	2.03	0.82
B	9.00	3.32	7.50	2.03	0.82
C	9.00	3.32	7.50	2.03	0.82
D	9.00	3.32	7.50	2.03	0.82

各データセットの散布図を図3-4に示します。

平均、標準偏差、相関係数のような伝統的統計的指標(表3-5参照)だけを見れば、これらのデータはほとんど同じです。しかし散布図は、これらのデータセットが実際には極めて異なったものであることを示しています。散布図は重要なツールであり、データセットについての結論を導く前に、他の統計的指標と並んで使うべきものです。

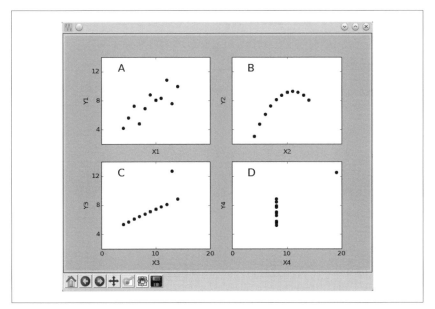

図3-4　アンスコムの4つ組の散布図

3.7　ファイルからデータを読み込む

　本章のプログラムでは、計算に使った数のリストは明示的に書かれていました。つまり、プログラムそのものに手作業でコーディングされていました。異なるデータセットの測定値を計算するには、プログラムそのものに新たなデータセットすべてを入力しなければなりません。ユーザがデータを入力するプログラムの作り方もわかっていますが、大量のデータセットでは、ユーザがプログラムを使うたびに長々とした数のリストを入力するのはあまり便利だとは言えません。

　よりよい方法は、ユーザのデータをファイルから読み込むことです。簡単な例で、ファイルから数をどのようにして読み込み、数学的な操作をどのように行うかを見てみましょう。最初に、各行にデータ要素がある単純なテキストファイルからどのようにしてデータを読み込むかを示します。次に、データがよく知られたCSV形式で格納されているファイルからどのようにして読み込むかを示します。これは、インターネットからCSV形式でダウンロードできる有用なデータセットがたくさんあるので大きな可能性を開きます（Pythonでのファイル処理を知らない場合は、付録Bに簡単な紹介があるので見てください）。

3.7.1 テキストファイルからデータを読み込む

本章の最初に取り上げた、期間Aの寄付金（1行に1つ）のリストのファイル mydata.txtを取り上げます。

```
100
60
70
900
100
200
500
500
503
600
1000
1200
```

次のプログラムは、このファイルを読み込んで、ファイルに格納された数の和を出力します。

```
# Find the sum of numbers stored in a file    ファイルに格納された数の和を求める
def sum_data(filename):
    s = 0
❶   with open(filename) as f:
        for line in f:
❷           s = s + float(line)
    print('Sum of the numbers: {0}'.format(s))

if __name__ == '__main__':
    sum_data('mydata.txt')
```

sum_data()関数は、引数filenameで指定されたフィルを開き（❶）、1行ずつ読みます（fを**ファイルオブジェクト**と呼びます。fは開いたファイルを指すと考えることができます）。❷では、float()関数を使って、数を浮動小数点数に変換し、すべての数を読み終わるまで足していきます。ラベルsの最後の数が数の総和で、関数の最後で出力します。

プログラムを実行する前に、データを正しく保存したmydata.txtというファイルをプログラムと同じディレクトリにまず保存しなければなりません。このファイルをIDLEで作るには、File▶New Windowとクリックして、数を（1行ずつ）入力して

から、プログラムと同じディレクトリにファイルを保存しなければなりません。プログラムを実行すれば、次のように出力されます。

```
Sum of the numbers: 5733.0
```

本章のプログラムはすべて入力データがリストだと仮定しています。ファイルからのデータを2章までのプログラムで使うには、データからリストを作る必要があります。リストができれば、前に書いた関数を使って対応する統計量を計算できます。次のプログラムは、mydata.txtに保存された数値の平均を計算します。

```
'''
Calculating the mean of numbers stored in a file   ファイルに格納した平均を計算
'''
def read_data(filename):
    numbers = []
    with open(filename) as f:
        for line in f:
❶           numbers.append(float(line))
    return numbers

def calculate_mean(numbers):
    s = sum(numbers)
    N = len(numbers)
    mean = s/N

    return mean

if __name__ == '__main__':
❷   data = read_data('mydata.txt')
    mean = calculate_mean(data)
    print('Mean: {0}'.format(mean))
```

calculate_mean()関数を呼ぶ前に、ファイルの数値を読み出してリストにする必要があります。ファイルから1行ずつ読み出すread_data()関数を使います。数を足し合わせるのではなく、浮動小数点数に変換して、リストnumbersに追加します（❶）。返されたリストは、ラベルdataで参照します（❷）。そして、データの平均を返すcalculate_mean()関数を呼び出します。最後に出力します。

プログラムを実行すると、次のように出力されます。

```
Mean: 477.75
```

もちろん、ファイルの数値がこの例と異なれば、平均値も違ってきます。

ユーザにファイル名を入力するよう促すにはどうすべきか、どうプログラムを修正するかのヒントが付録Bにあります。ヒントを使えば、プログラムの利用者がデータファイルを指定できます。

3.7.2　CSVファイルからデータを読み込む

カンマ区切り値（CSV）ファイルでは、カンマで区切られた各列が1行ずつ並んでいます。CSVファイルは、OS付属のテキストエディタでも、Microsoft Excel、OpenOffice Calc、LibreOffice Calcといったソフトウェアでも作成できます。

数とその平方数を含むCSVファイルの例を示します。

```
Number,Squared
10,100
9,81
22,484
```

第1行はヘッダと呼ばれます。この例では、このファイルの1列目は数で、2列目がその平方数であることを示します。次の3行では、数と平方数がカンマで区切られています。このファイルからデータを読み出すのに、.txtファイルと同様の方式を使うことも可能です。しかし、Pythonの標準ライブラリには、CSVファイルの読み取り専用（書き込み専用も）のモジュールがあり、作業が楽になります。

プログラムと同じディレクトリの元にあるファイルnumbers.csvに数とその平方数を保存しましょう。次のプログラムは、このファイルを読んで、数とその平方数の散布図を作って表示する方法を示します。

```python
import csv
import matplotlib.pyplot as plt

def scatter_plot(x, y):
    plt.scatter(x, y)
    plt.xlabel('Number')
    plt.ylabel('Square')
    plt.show()

def read_csv(filename):

    numbers = []
```

```
        squared = []
        with open(filename) as f:
❶           reader = csv.reader(f)
            next(reader)
❷           for row in reader:
                numbers.append(int(row[0]))
                squared.append(int(row[1]))
        return numbers, squared

    if __name__ == '__main__':
        numbers, squared = read_csv('numbers.csv')
        scatter_plot(numbers, squared)
```

　read_csv()関数は、(プログラムの先頭でインポートされる)csvモジュールで定義されたreader()関数を使ってCSVファイルを読みます。この関数は、引数として渡されたファイルオブジェクトfで呼び出されます(❶)。そして、CSVファイルの第1行を指すポインタを返します。ファイルの第1行がヘッダであることを知っており、スキップしたいので、next()関数を使ってポインタを次の行に動かします。残りのファイルの全行を読み出します。各行はラベルrowで(❷)、データの第1列はrow[0]で、第2列はrow[1]で参照します。このファイルについては、数が整数とわかっているので、int()関数を使って文字列から整数に変換し、2つのリストに格納します。1つは数を、もう1つは平方数を含むリストを返します。

　この2つのリストでscatter_plot()関数を呼び出し、散布図を作ります。前に書いたind_corr_x_y()関数で2つの数集合の相関係数を計算することも簡単にできます。

　今度はもっと複雑なCSVファイルを扱ってみましょう。ブラウザでhttps://www.google.com/trends/correlate/を開き、好きな検索クエリ(例えばsummer)を入力して「Search correlations」(相関を探す)ボタンをクリックしましょう。「Correlated with summer」(夏と相関)という見出しの下に多数の結果が表示されます。一番上の結果が相関が一番高い(結果のすぐ左の数値)ものです。グラフの右上の「Scatter plot」(散布図)をクリックするとx軸がsummerでy軸が最上位の結果の散布図が見られます。相関と散布図だけに関心があるので、プロットされている正確な数値は無視しましょう。

　散布図の上の行にある、「Export data as CSV」(CSVとしてエクスポート)をクリックすると、ファイルのダウンロードが始まります。このファイルをプログラムと

同じディレクトリに保存しましょう。

このCSVファイルは先ほどのものとは異なります。ファイルの先頭部分には、空行と#記号で始まる行が多数並んでいて、その後にヘッダとデータがあります。先頭部分は私たちには必要ないので、適当なソフトウェアでファイルを開き、手で削除して、第1行がヘッダになるようにしてください。このようにPythonで扱いやすいようにファイルを整えることを、データの**前処理**（preprocessing）と呼びます。

ヘッダは複数列からなります。第1列は、各行のデータの日付（各行はこの日付で始まる週のデータからなる）です。2列目は入力した検索クエリ、3列目は相関が最も高い検索クエリ、そして残りは入力した検索クエリとの相関の降順の他のクエリの列です。列の数値は、対応する検索クエリのz値です。**z値**（z-score）は、検索語がその週に検索された回数と、週ごとの平均検索回数との差異を示します。z値が正なら、その週は平均よりも検索回数が多く、負なら少ないのです。

第2列と第3列だけを処理しましょう。次のread_csv()関数を使って列を読みます。

```
def read_csv(filename):

    with open(filename) as f:
        reader = csv.reader(f)
        next(reader)

        summer = []
        highest_correlated = []
❶       for row in reader:
            summer.append(float(row[1]))
            highest_correlated.append(float(row[2]))

    return summer, highest_correlated
```

これは先ほどのread_csv()関数とほとんど同じです。違いは、❶で始まるリストへの値の追加方法です。第2列と第3列を読みだし、浮動小数点数で格納します。

次のプログラムは、この関数を使って入力した検索クエリの値と相関が最大の検索クエリの値との相関を計算します。これらの値の散布図も計算します。

```
import matplotlib.pyplot as plt
import csv
```

```
    if __name__ == '__main__':
❶       summer, highest_correlated = read_csv('correlate-summer.csv')
        corr = find_corr_x_y(summer, highest_correlated)
        print('Highest correlation: {0}'.format(corr))
        scatter_plot(summer, highest_correlated)
```

CSVファイルがcorrelate-summer.csvとして保存されていると仮定し、第2第3列のデータを読み出すためにread_csv()関数を呼び出します（❶）。そして、前に書いたfind_corr_x_y()関数をsummerとhighest_correlatedという2つのリストで呼び出します。相関係数が返ってきますので、出力します。次に、以前のscatter_plot()関数を同じ2つのリストで呼び出します。このプログラムを実行する前に、read_csv()、find_corr_x_y()、scatter_plot()という関数の定義を含めておく必要があります。

実行すると、相関係数と散布図が見られます。どちらもGoogle correlateのウェブサイトで見たデータによく似ているはずです。

3.8　学んだこと

本章では、数集合を記述する統計的指標と数集合間の相関を計算する方法を学びました。グラフを使ってこれらの指標の理解を助ける方法も学びました。これらの指標を計算するプログラムを書くことで、新たなプログラミングツールと概念も学びました。

3.9　プログラミングチャレンジ

学んだことを応用して、次のプログラミングチャレンジを完成させましょう。

問題3-1　よりよい相関係数を求めるプログラム

前に書いた2つの数集合の間の相関を求めるfind_corr_x_y()関数は2つの数集合が同じ長さだと仮定しています。最初にリストの長さをチェックして、長さが等しい時だけ残りの計算をして、そうでないときは、相関は計算できないというエラーメッセージを出すようにしなさい。

問題3-2 統計電卓

ファイル mydata.txt の数のリストに対して、本章で書いた関数を使い、平均、中央値、最頻値、分散、標準偏差を計算して出力する統計電卓を実装しなさい。

問題3-3 他のCSVデータでの実験

インターネット上で無料で入手できる多数の興味深いデータソースで実験ができます。ウェブサイト https://www.quandl.com/ はその一例です。このチャレンジでは、https://www.quandl.com/data/WORLDBANK/USA_SP_POP_TOTL-United-States-Population-total から CSV ファイルで、1960年から2012年の各年末の米国の総人口のデータをダウンロードします。そして、年ごとの人口の**差異**の平均、中央値、分散、標準偏差を計算して、これらの差異を示すグラフを作りなさい。

問題3-4 百分位を求める

百分位（percentile、パーセンタイル）はよく使われる統計量で、観察数の百分率でのその割合が相当する値以下になることを示します。例えば、学生が試験で95百分位の点数を取ったとするなら、学生全体の95％はそれ以下の点数であることを意味します。数、5, 1, 9, 3, 14, 9, 7 のリストの例では、50百分位が7、25百分位が、このリストにない3.5となります。

観察データの中から与えられた百分位に相当するものを求めるには、多くの方法がありますが、1つの方法を取り上げます[1]。

百分位 p の観察データを計算するとします。

1. 与えられた数のリスト data を昇順にソートする。
2. 次の式を計算する。

$$i = \frac{np}{100} + 0.5$$

n は data の項目数とする。

---

[1] 原注：Ian Robertson の "Calculating Percentiles"(Stanford University, January 2004); http://web.stanford.edu/class/archive/anthsci/anthsci192/anthsci192.1064/handouts/calculating%20percentiles.pdf 参照。

3. i が整数なら、data[i] が百分位 p に相当する数。
4. i が整数でないなら、k を i の整数部分、f を i の分数部分とする。(1-f)*data[k] + f*data[k+1] が百分位 p に相当する数。

この方法を使って、ファイルから数の集合を取り込み、プログラムへの入力として指定された百分位に対応する数を表示するプログラムを書きなさい。

問題3-5　グループ度数分布表を作る

このチャレンジでは、数集合からグループ度数分布表を作るプログラムを書くことが課題です。グループ度数分布表は、異なる**クラス**に分類したデータの頻度を示します。例えば、「3.3.3　度数分布表を作る」で論じた点数7, 8, 9, 2, 10, 9, 9, 9, 9, 4, 5, 6, 1, 5, 6, 7, 8, 6, 1, 10を考えましょう。グループ度数分布表は、このデータを次のように示します。

点数	頻度
1-6	6
6-11	14

この表は点数を2つのクラス、1-6（1は含むが6は含まない）と6-11（6は含むが11は含まない）に分類します。それぞれについて、そのカテゴリに属する点数の個数を示します。クラスの個数と各クラスに入る数の範囲を決定することが、この表を作る2つのキーステップです。この例では、各クラスの数の範囲が等しくなるように、2つのクラスに分けました。

クラスの個数を好きなように選べると仮定して、クラスを作る単純な方法を次に示します。

```
def create_classes(numbers, n):
    low = min(numbers)
    high = max(numbers)

    # width of each class
    width = (high - low)/n
    classes = []
    a = low
    b = low + width
    classes = []
    while a < (high-width):
```

```
        classes.append((a, b))
        a = b
        b = a + width
    # The last class may be of size less than width   最後のクラスは幅より
    classes.append((a, high+1))                        小さいサイズでもよい
    return classes
```

create_classes()関数は2引数、数のリストnumbersと作るクラスの個数nをとります。各クラスを表すタプルのリストを返します。例えば、数7, 8, 9, 2, 10, 9, 9, 9, 9, 4, 5, 6, 1, 5, 6, 7, 8, 6, 1, 10とn = 4で呼ばれたとすると、[(1, 3.25), (3.25, 5.5), (5.5, 7.75), (7.75, 11)]というリストを返します。リストが得られれば、次のステップは、各数についてどのクラスに属するか探すことです。

ここでは、ファイルから数のリストを読み込み、create_classes()関数を用いてグループ度数分布表を出力するプログラムを書くことが課題です。

4章
SymPyで代数と式を計算する

　これまでのプログラムの数学的問題と解とは、数の操作でした。しかし、数学を教え、学び、練習するには他の方法があります。記号としての式とその操作です。代数の典型的な問題でのxとyとを考えてみればよいでしょう。この種の数学を、**式の計算** (symbolic math)[※1]と呼びます。学校で「$x^3 + 3x^2 + 3x + 1$の因数分解」という問題におびえた経験があると思います。もう恐れる必要はありません。本章では、式の計算問題を解くプログラムの書き方を学びます。そのために、SymPyというPythonライブラリを使って、記号を含む数式を書いて、式の演算を行います。SymPyはサードパーティライブラリなので、プログラムで使うために前もってインストールする必要があります。インストールの方法は付録Aで述べています。

4.1　式の記号と記号演算を定義する

　記号 (symbol)は、式の計算の基本要素です。用語としての「記号」は、方程式や代数式で使うx、y、a、bという変数記号一般に対する名前に過ぎません。記号を作成して使うのは、これまでとは異なる方法を可能にします。次の文を考えましょう。

```
>>> x = 1
>>> x + x + 1
3
```

　ラベルxを作り、数1を参照しました。そして、文x + x + 1を書くと、この文は評価されて、結果は3となります。記号xについての結果がほしい場合にはどうなるのでしょうか。すなわち、結果が3ではなくて、Pythonに$2x + 1$と答えさせたいと

[※1] 訳注：直訳すれば、記号数学だが、意味するところは、数ではなく記号で表された式の演算。これに関するコンピュータサイエンスの分野は数式処理と言う。

いうことです。Pythonはxが何を指すか知らないので、文 x = 1 なしに、x + x + 1 と書くことはできません。

　SymPyは、このような記号を使って数式を表現し、評価することを可能にします。プログラムで記号を使うためには、次のように Symbol クラスのオブジェクトを作ります。

```
>>> from sympy import Symbol
>>> x = Symbol('x')
```

まず、Symbol クラスを sympy モジュールからインポートします。そして、'x' を引数に渡してこのクラスのオブジェクトを作ります。'x' が一重引用符で囲まれた文字列として書かれていることに注意してください。この記号についての式を定義できます。例えば、先ほどの例のように定義します。

```
>>> from sympy import Symbol
>>> x = Symbol('x')
>>> x + x + 1
2*x + 1
```

　結果が、記号xについて求められました。文 x = Symbol('x') において、左辺の x は、Python のラベルです。これは、今までと同じラベルですが、今回は数ではなく記号xを指しています。正確に述べると、記号xを表す Symbol オブジェクトを指しています。このラベルそのものは、記号の文字列と合致する必要はありません。a や var1 のようなラベルでも構いません。上の文を次のように書いても大丈夫です。

```
>>> a = Symbol('x')
>>> a + a + 1
2*x + 1
```

　しかし、文字列に合致しないラベルを使うと混乱して、わからなくなることがあります。したがって、指している記号と同じ文字のラベルを使うようにします。

Symbolオブジェクトが表す記号を見つける

Symbolオブジェクトのname属性が、それが表す実際の文字列を示します。

```
>>> x = Symbol('x')
>>> x.name
'x'
>>> a = Symbol('x')
>>> a.name
'x'
```

ラベルに.nameを使って、その記号を取り出すことができます。

念のためですが、作る記号には文字列を指定しなければなりません。例えば、x = Symbol(x)では記号xを作れません。x = Symbol('x')と定義しなければなりません。

記号を複数定義するには、Symbolオブジェクトを1つずつ作るか、symbols()関数を用いて、より簡潔に定義します。プログラムに3つの記号x, y, zを使いたいとします。これまでのように、1つずつ定義します。

```
>>> x = Symbol('x')
>>> y = Symbol('y')
>>> z = Symbol('z')
```

しかし、symbols()関数を使って3つを一度に定義するほうがコードが短くなります。

```
>>> from sympy import symbols
>>> x,y,z = symbols('x,y,z')
```

まず、SymPyからsymbols()関数をインポートします。次に、作りたい3つの記号を、コンマ区切り文字列にして呼び出します。この文の実行後は、x, y, zが3つの記号'x', 'y', 'z'を指すようになります。

記号を定義したら、1章で学んだ演算子 (+, -, /, *, **) を用いて、記号に対する基本数学演算を行うことができます。例えば、次の通りです。

```
>>> from sympy import Symbol
>>> x = Symbol('x')
>>> y = Symbol('y')
```

```
>>> s = x*y + x*y
>>> s
2*x*y
```

積が得られるかどうか試しましょう。

```
>>> p = x*(x + x)
>>> p
2*x**2
```

SymPyは、このような簡単な足し算や掛け算を自動的に行いますが、さらに複雑な式を与えると、そのままです。式(x + 2)*(x + 3)を入力するとどうなるか試してみましょう。

```
>>> p = (x + 2)*(x + 3)
>>> p
(x + 2)*(x + 3)
```

SymPyがすべてを掛け算して、x**2 + 5*x + 6と出力すると期待していたかもしれませんね。この例のような場合には、SymPyは最も基本的な演算だけ自動的に行い、それ以上はプログラムの明示的な簡略化する指示を待ちます。この式を掛け算により展開したければ、すぐ後で述べるexpand()関数を使わねばなりません。

4.2　式を扱う

記号式を定義する方法を学んだので、プログラムで使うためのさまざまなことを学びましょう。

4.2.1　式の因数分解と展開

factor()関数は式を因数に分解します。expand()関数は式を展開して、項の和として表現します。これらの関数を、基本的な代数の恒等式$x^2 - y^2 = (x + y)(x - y)$を使ってテストしましょう。恒等式の左辺は展開した式、右辺は因数分解した式に対応します。式には2つの変数記号があるので、Symbolオブジェクトを2つ作ります。

```
>>> from sympy import Symbol
>>> x = Symbol('x')
>>> y = Symbol('y')
```

次に、factor()関数をインポートして、展開された式 (恒等式の左辺) を因数分解

した式（恒等式の右辺）に変換します。

```
>>> from sympy import factor, expand
>>> expr = x**2 - y**2
>>> factor(expr)
(x - y)*(x + y)
```

期待通り、因数分解した式が得られました。この式を展開して、元の展開した式に戻しましょう。

```
>>> from sympy import expand
>>> factors = factor(expr)
>>> expand(factors)
x**2 - y**2
```

因数分解した式を新たなラベル factors に格納し、expand() 関数を呼び出します。こうして、元の式を得ました。これをさらに複雑な恒等式 $x^3 + 3x^2y + 3xy^2 + y^3 = (x + y)^3$ で試しましょう。

```
>>> expr = x**3 + 3*x**2*y + 3*x*y**2 + y**3
>>> factors = factor(expr)
>>> factors
(x + y)**3

>>> expand(factors)
x**3 + 3*x**2*y + 3*x*y**2 + y**3
```

factor() 関数は式を因数分解できて、expand() 関数は、因数分解した式を元の式に展開しました。

因数分解できない式を因数分解しようとしたら、factor() 関数は元の式を返します。例えば、次の通りです。

```
>>> expr = x + y + x*y
>>> factor(expr)
x*y + x + y
```

同様に、expand() にこれ以上展開できない式を渡すと、同じ式を返します。

4.2.2 プリティプリント

式を出力するときに、もう少し綺麗に見せたいなら、pprint() 関数を使うことができきます。この関数は、人が紙に式を書く場合に近い形式で出力します。例えば、次の式です。

```
>>> expr = x*x + 2*x*y + y*y
```

これまでと同じように、print()関数を使うと、次のような出力になります。

```
>>> expr
x**2 + 2*x*y + y**2
```

この式をpprint()関数を使って出力しましょう[※1]。

```
>>> from sympy import pprint
>>> pprint(expr, use_unicode=True)
 2           2
x  + 2·x·y + y
```

式は、ずっと綺麗に見えます。例えば、目障りなアスタリスクの代わりに、べき指数が上に表示されます。

式を出力するときの項の順序を変えることもできます。式 $1 + 2x + 2x^2$ を考えましょう。

```
>>> expr = 1 + 2*x + 2*x**2
>>> pprint(expr, use_unicode=True)
   2
2·x  + 2·x + 1
```

項は、xの次数が高いものから低いものに並んでいます。逆順に次数の低いものから高いものへ並べたければ、次のようにinit_printing()関数で設定可能です。

```
>>> from sympy import init_printing
>>> init_printing(order='rev-lex')
>>> pprint(expr, use_unicode=True)
            2
1 + 2·x + 2·x
```

まずinit_printing()関数がインポートされて、次にキーワード引数order='rev-lex'で呼ばれます。これは、SymPyに式を**逆辞書式順序** (reverse lexicographical

---

※1 訳注：Windows環境では、原書にあるように、pprint(expr)とすると、
```
 2          2
x  + 2*x*y + y
```
と、アスタリスクが残ったままになるので注意すること。なおpprintのオプションuse_unicode=TrueはLinux、OS Xでは不要である。

order）で出力したいと伝えます。この例では、キーワード引数がPythonに低次数の項をまず出力するよう命令します。

ここでは、init_printing()関数を式の項の出力順序設定に用いたが、この関数は式の出力をどのように設定するかに関して、他にもさまざまに使われる。他の選択肢やSymPyでの出力に関してさらに多く学びたければ、http://docs.sympy.org/latest/tutorial/printing.htmlにあるドキュメントを参照すること。

これまで学んだことを応用して、級数を出力するプログラムを実装しましょう。

4.2.2.1 級数を出力する

次の級数を考えます。

$$x + \frac{x^2}{2} + \frac{x^3}{3} + \frac{x^4}{4} + \cdots + \frac{x^n}{n}$$

ユーザに数nを入力するよう要求して、その個数までこの級数を出力するプログラムを書きましょう。級数では、xは記号でnはユーザが入力した整数です。級数のn番目の項は次で求められます。

$$\frac{x^n}{n}$$

この級数を次のプログラムで出力できます。

```
'''
Print the series:   級数を出力

x + x**2 + x**3 + ... + x**n
    ───   ───         ───
     2     3           n

and calculate its value at a certain value of x.   xの値で級数の値を計算
'''
from sympy import Symbol, pprint, init_printing
def print_series(n):

    # initialize printing system with reverse order   出力を逆順に初期化
    init_printing(order='rev-lex')
```

```
        x = Symbol('x')
❶       series = x
❷       for i in range(2, n+1):
❸           series = series + (x**i)/i
        pprint(series)

    if __name__ == '__main__':
        n = input('Enter the number of terms you want in the series: ')   級数の個数を入力
❹       print_series(int(n))
```

print_series()関数は、出力される級数の項数を表す整数nを引数に取ります。❹で関数を呼び出すときに、int()関数を使って、ユーザ入力を整数に変換していることに注意してください。出力する級数を逆辞書式順序で出力するためにinit_printing()関数を呼び出します。

ラベルseriesを❶で作り、初期値をxにします。❷では2からnまでの整数で繰り返すforループを定義します。このループでは毎回❸でseriesに項を追加していきます。次のようになります。

```
i = 2, series = x + x**2 / 2
i = 3, series = x + x**2/2 + x**3/3
...
```

seriesの値は最初はxが1つだけですが、イテレーションごとにx**i/iが追加されます。SymPyの加算演算がうまく使われています。最後にpprint()関数を使って級数を出力します。

プログラムを実行すると、数を入力するよう求めて、それに対応した級数を出力します。

```
Enter the number of terms you want in the series: 5   級数の個数を入力
     2   3   4   5
    x   x   x   x
x + -- + -- + -- + --
    2   3   4   5
```

項の個数を変更して試してください。次に、xの具体的な値について、この級数の和をどのように計算するかを確かめます。

4.2.3 値に代入する

SymPyを使って代数式に値を代入してみましょう。これによって、変数の特定の値について、式の値を計算できます。次のように定義した、数式$x^2 + 2xy + y^2$を考えましょう。

```
>>> x = Symbol('x')
>>> y = Symbol('y')
>>> x*x + x*y + x*y + y*y
x**2 + 2*x*y + y**2
```

この式を評価するには、subs()メソッドを使って記号に数値を代入します。

❶
```
>>> expr = x*x + x*y + x*y + y*y
>>> res = expr.subs({x:1, y:2})
```

まず❶で新たなラベルを作って式を指します。次にsubs()メソッドを呼び出します。subs()メソッドへの引数は、Python辞書で、2つの記号のラベルと、その記号に代入したい数値を含みます。結果を確認しましょう。

```
>>> res
9
```

項の中の記号を別の式で表し、それを代入することもsubs()メソッドを使ってできます。

```
>>> expr.subs({x:1-y})
y**2 + 2*y*(-y + 1) + (-y + 1)**2
```

Python辞書

辞書はPythonデータ構造の型の1つです（リストとタプルもデータ構造の例で、既に学んだ）。辞書は、波括弧で括ったキー値ペアからなります。各キーがコロンで句切られた値に対応します。先ほどのコードでは、辞書{x:1, y:2}をsubs()メソッドへの引数として入力しました。辞書は2つのキー値ペア、x:1とy:2を持ち、xとyがキーで1と2が対応する値です。辞書の値は、キーを角括弧に入れて指定すると取り出すことができます。添字を使ってリストから要素を取り出す場合と同じようなものです。例えば、簡単な辞書を作って対応する値を取

り出すコードは次のようになります。

```
>>> sampledict = {"key1": 5, "key2": 20}
>>> sampledict["key1"]
5
```

辞書についてさらに学ぶには、付録Bを読むとよいでしょう。

結果をさらに簡単化したければ、例えば、打ち消し合う項があるなら、SymPyのsimplify()関数を次のように使います。

❶ ```
>>> expr_subs = expr.subs({x:1-y})
>>> from sympy import simplify
```
❷ ```
>>> simplify(expr_subs)
1
```

式に$x = 1 - y$を代入した結果を参照するために、❶で新たなラベルexpr_subsを作ります。そして、SymPyからsimplify()関数をインポートして、❷で呼び出します。結果は、他の項が打ち消し合ったために1となります。

この例では、simplify()関数を使ってSymPyに簡単化するよう命令しなければなりません。既に述べたように、この例に対しては、要求されるまではSymPyが簡単化しないためです。

simplify()関数は対数や三角関数を含む複雑な式も簡単化できますが、ここでは触れません。

4.2.3.1 級数の値を計算する

級数出力プログラムを再度取り上げましょう。級数を出力するだけでなく、xが特定の値の場合に級数の値を計算させます。すなわち、プログラムは、今度はユーザから2つの入力を受け取ります。級数の項の個数と級数の値を計算するxの値です。そして、プログラムは、級数と和の両方を出力します。次のプログラムは、級数出力プログラムを拡張して、こういった機能を追加したものです。

```
'''
Print the series:   級数を出力
```

$$\frac{x + x^{**}2 + x^{**}3 + \ldots + x^{**}n}{2 \quad 3 \quad \quad n}$$

and calculate its value at a certain value of x.　xの値で級数の値を計算
'''

```
from sympy import Symbol, pprint, init_printing
def print_series(n, x_value):

    # initialize printing system with reverse order    出力を逆順に初期化
    init_printing(order='rev-lex')

    x = Symbol('x')
    series = x
    for i in range(2, n+1):
        series = series + (x**i)/i

    pprint(series)

    # evaluate the series at x_value    x_valueで級数評価
❶    series_value = series.subs({x:x_value})
    print('Value of the series at {0}: {1}'.format(x_value, series_value))

if __name__ == '__main__':
    n = input('Enter the number of terms you want in the series: ')    級数の個数を入力
❷    x_value = input('Enter the value of x at which you want to evaluate the series: ')

    print_series(int(n), float(x_value))
```

　print_series()関数には、今度は級数を計算するためのxの値であるx_valueという引数が追加されています。❶ではsubs()メソッドを使って評価を実行して、ラベルseries_valueで結果を指します。次の行で結果を表示します。

　❷の追加入力文は、ユーザにxの値を入力するよう求め、ラベルx_valueでそれを指します。print_series()関数を呼ぶ前に、float()関数を使って、この値を浮動小数点数に変換します。

　プログラムを実行すると、2つの入力を求め、級数とその値を出力します。

```
Enter the number of terms you want in the series: 5    級数の個数を入力
Enter the value of x at which you want to evaluate the series: 1.2
```

```
         2    3    4    5
        x    x    x    x
   x + -- + -- + -- + --
         2    3    4    5
   Value of the series at 1.2: 3.51206400000000
```

この実行例では、5項の級数でxを1.2に設定しました。プログラムは級数を出力して計算しました。

4.2.4 文字列を数式に変換する

これまでは、何かしたいことがあるたびに個別に数式を書いてきました。しかし、ユーザが与えた数式を扱えるさらに汎用のプログラムを書きたい場合はどうでしょうか。そのためには、文字列として与えられたユーザ入力を数学的演算が行えるものに変換する方法が必要です。SymPyのsympify()関数がまさにそれをしてくれます。この関数名は、文字列をSymPyオブジェクトに変換して、入力にSymPy関数を適用できるようにすることから名付けられています。例を紹介しましょう。

❶ ```
    >>> from sympy import sympify
    >>> expr = input('Enter a mathematical expression: ')
    Enter a mathematical expression: x**2 + 3*x + x**3 + 2*x
```
❷ ```
    >>> expr = sympify(expr)
```

まずsympify()関数を❶でインポートします。そしてinput()関数を用いて数式の入力を求め、ラベルexprを用いてそれを指します。次に❷でexprを引数にしてsympify()関数を呼び出し、同じラベルを使って変換した数式を指します。

この式にはさまざまな操作を行うことができます。例えば、式に2を掛けてみましょう。

```
    >>> 2*expr
    2*x**3 + 2*x**2 + 10*x
```

ユーザが不当な式を入力したらどうなるでしょうか。試してみましょう[※1]。

```
    >>> expr = input('Enter a mathematical expression: ')
    Enter a mathematical expression: x**2 + 3*x + x**3 + 2x
```

※1 訳注：このエラーメッセージは、実際のものをかなり省略している。どのようなメッセージになるかは自分で試してみること。

```
>>> expr = sympify(expr)
SyntaxError: invalid syntax
Traceback (most recent call last):
  File "<pyshell#46>", line 1, in <module>
    expr = sympify(expr)
  File " "/usr/lib/python3.3/site-packages/sympy/core/sympify.py", line 180, in sympify
    raise SympifyError('could not parse %r' % a, exc)
sympy.core.sympify.SympifyError: SympifyError: "could not parse 'x**2 + 3*x + x**3 + 2x'"
```

最終行はsympify()が与えられた入力式を変換できないことを示します。このユーザが2とxとの間に演算子を書かなかったので、SymPyはどういう意味かわからないのです。プログラムは、このような不当な入力を予期して、その場合にはエラーメッセージを出すべきです。SympifyError例外を捕えることで、どのように扱えるかを確認しましょう。

```
>>> from sympy import sympify
>>> from sympy.core.sympify import SympifyError
>>> expr = input('Enter a mathematical expression: ')
Enter a mathematical expression: x**2 + 3*x + x**3 + 2x
>>> try:
        expr = sympify(expr)
    except SympifyError:
        print('Invalid input')

Invalid input
```

前のプログラムに対する2箇所の変更点は、sympy.core.sympifyモジュールからSympifyError例外クラスをインポートすることと、try...exceptブロックでsympify()関数を呼び出すことです。今度は、SympifyError例外が起きると、エラーメッセージが出力されます。

4.2.4.1 数式乗算器

sympify()関数を使って2式の積を計算するプログラムを書きましょう。

```
'''
Product of two expressions    2式の積
'''

from sympy import expand, sympify
from sympy.core.sympify import SympifyError
```

```
    def product(expr1, expr2):
        prod = expand(expr1*expr2)
        print(prod)

    if __name__=='__main__':
❶       expr1 = input('Enter the first expression: ')
❷       expr2 = input('Enter the second expression: ')

        try:
            expr1 = sympify(expr1)
            expr2 = sympify(expr2)
        except SympifyError:
            print('Invalid input')
        else:
❸           product(expr1, expr2)
```

❶と❷でユーザに2つの入力を求めます。それらをtry...exceptブロックでsympify()を使ってSymPyに理解できる形式に変換します。(elseブロックで示されるように)変換が成功すれば❸でproduct()関数を呼び出します。この関数では、2式の積を計算して、出力します。全項が基本項の和として表現されるようにexpand()関数を使っていることに注意してください。

プログラムの実行例を次に示します。

```
Enter the first expression: x**2 + x*2 + x
Enter the second expression: x**3 + x*3 + x
x**5 + 3*x**4 + 4*x**3 + 12*x**2
```

最終行が2式の積を示します。入力で複数の記号を使うこともできます。

```
Enter the first expression: x*y+x
Enter the second expression: x*x+y
x**3*y + x**3 + x*y**2 + x*y
```

4.3　方程式を解く

SymPyのsolve()関数を使うと方程式の解を求めることができます。xのような変数を表す記号を含む式を入力したら、solve()が記号の解を計算します。この関数は、入力した式が0になると仮定して計算します。すなわち、記号にその値を代入すれば、式全体の値が0になる値を出力します。単純な方程式$x-5=7$から始めましょう。x

の解を求めるためにsolve()を使う場合、まず方程式の左辺を0 ($x-5-7=0$) にしないといけません。そうすれば、次のようにsolve()を使うことができます。

```
>>> from sympy import Symbol, solve
>>> x = Symbol('x')
>>> expr = x - 5 - 7
>>> solve(expr)
[12]
```

solve()を使うと、式$x-5-7$が0に等しくなるので、'x'の値は12と計算されます。結果12はリストで返されることに注意してください。方程式は複数解を持ちえます。例えば、2次方程式には2つの解があります。リストには、すべての解が含まれます。solve()関数に、結果の各要素を辞書で返すよう指示することもできます。辞書は記号（変数名）とその値（解）で構成されます。これは複数の変数を持つ連立方程式を解くときに特に役立ちます。辞書で解が返されると、どの解がどの変数に対応するかわかるからです。

4.3.1 2次方程式を解く

1章では2次方程式$ax^2 + bx + c = 0$の解を、解の公式を2つ書いて定数a, b, cに値を代入して求めました。今度は、公式を書き出さなくてもSymPyのsolve()関数を使って解をどのように見つけるかを学びます。例を紹介しましょう。

❶ `>>> from sympy import Symbol, solve`
　　`>>> x = Symbol('x')`
❷ `>>> expr = x**2 + 5*x + 4`
❸ `>>> solve(expr, dict=True)`
❹ `[{x: -4}, {x: -1}]`

❶でまずsolve()関数をインポートします。そして記号xと2次方程式に対応する式x**2 + 5*x + 4を❷で定義します。❸で、この式をsolve()関数で呼び出します。solve()関数の第2引数 (dict=True) は結果をPython辞書のリストで受け取ることを指定します。

返されたリストにある解は、記号をキーとして値を持つ辞書です。解がなければ空リストを返します。この方程式の解は、❹の-4と-1です。

1章で方程式$x^2 + x + 1 = 0$の解は複素数だと学びました。solve()を使って解いてみましょう。

```
>>> x = Symbol('x')
>>> expr = x**2 + x + 1
>>> solve(expr, dict=True)
[{x: -1/2 - sqrt(3)*I/2}, {x: -1/2 + sqrt(3)*I/2}]
```

両方の解とも、I記号で示される虚数部分を含んだ虚数解です[※1]。

4.3.2　1変数を他の変数について解く

方程式の解を求める他に、式の計算を利用して、ある変数を方程式の他の変数で表すことがsolve()関数を使ってできます。一般2次方程式$ax^2 + bx + c = 0$の解を求めることを考えましょう。そのために、xと他に追加の3定数に対応する3記号a, b, cを定義します。

```
>>> x = Symbol('x')
>>> a = Symbol('a')
>>> b = Symbol('b')
>>> c = Symbol('c')
```

次に、方程式に対応する式を書いて、それにsolve()関数を使います。

```
>>> expr = a*x*x + b*x + c
>>> solve(expr, x, dict=True)
[{x: (-b + sqrt(-4*a*c + b**2))/(2*a)}, {x: -(b + sqrt(-4*a*c + b**2))/(2*a)}]
```

今度は、solve()関数に引数xが追加で必要になります。方程式には複数の記号があるので、solve()に対してどの記号について解くのかを指示する必要があります。それが第2引数にxを渡した理由です。期待通り、solve()は2次方程式の解の公式を出力します。これは、多項式でxの値を求める汎用の公式です。

複数の記号がある方程式にsolve()を使うには、第2引数で解く記号を指定（第3引数では返される結果の形式を指定）します。

次に物理学の例を考えましょう。運動方程式によれば、初速度がuで定加速度aでt時間移動する物体の移動距離は次で与えられます。

$$s = ut + \frac{1}{2}at^2$$

uとaが与えられ、距離sを移動するのに必要な時間を求めるには、tを他の変数で

※1　訳注：Pythonでは虚数単位をjまたはJで表していたが、SymPyではIが使われている。

表さねばなりません。Sympyのsolve()関数を使って次のようにできます。

```
>>> from sympy import Symbol, solve, pprint
>>> s = Symbol('s')
>>> u = Symbol('u')
>>> t = Symbol('t')
>>> a = Symbol('a')
>>> expr = u*t + (1/2)*a*t*t - s
>>> t_expr = solve(expr,t, dict=True)
>>> pprint(t_expr)
```

結果は次のようになります[※1]。

$$\left[\left\{t: \frac{1}{a}\left(-u + \sqrt{2.0as + u^2}\right)\right\}, \left\{t: -\frac{1}{a}\left(u + \sqrt{2.0as + u^2}\right)\right\}\right]$$

(ラベルt_exprが指す) tの式がありますから、subs()メソッドを使ってs, u, aに値を代入し、tの2つの値を求められます。

4.3.3 連立方程式を解く

次の2つの方程式を考えます。

$$2x + 3y = 6$$
$$3x + 2y = 12$$

両方の方程式を満たす値のペア (x, y) を見つけましょう。このような**連立方程式**(system of equations)の解を求めるのにもsolve()関数が使えます。

2つの記号を定義して、2つの方程式を作ります。

```
>>> x = Symbol('x')
>>> y = Symbol('y')
>>> expr1 = 2*x + 3*y - 6
>>> expr2 = 3*x + 2*y - 12
```

2つの方程式をそれぞれexpr1とexpr2と定義しました。両方とも0に等しくなるよう(右辺から左辺に)移項していることに注意してください。解を求めるには、2つの

※1 訳注：Mac OS Xでは原書と同じくpprintでそれなりの式が出力されるが、Windows版で試したところ崩れた形でしか出力されない。原著者と話し合い、IPython notebookでinit_printing()として設定されるMathJaxによる出力結果を使うことにした。注記にあったhttp://docs.sympy.org/latest/tutorial/printing.html もしくはC. Rossant、『IPythonデータサイエンスクックブック』(オライリー・ジャパン、2015) 参照。

式をタプルにしてsolve()関数を呼び出します。

```
>>> solve((expr1, expr2), dict=True)
[{x: 24/5, y: -6/5}]
```

既に述べたように、解を辞書で返すのが役立ちます。xの値が24/5、yの値が−6/5とわかります。得た解が実際に方程式を満たすことを検証しましょう。ラベルsolnを作って得た解を指し、メソッドを使って2つの式の対応するxとyの値に代入します。

```
>>> soln = solve((expr1, expr2), dict=True)
>>> soln = soln[0]
>>> expr1.subs({x:soln[x], y:soln[y]})
0
>>> expr2.subs({x:soln[x], y:soln[y]})
0
```

2つの式の対応するxとyに値を代入した結果は0になりました。

4.4　SymPyを使ってプロットする

2章では、プロットしたい数値を指定してグラフを作ることを学びました。例えば、2物体間の引力のグラフを物体間の距離についてプロットするには、距離の値について引力を計算して、距離と引力のリストをmatplotlibに指定する必要がありました。SymPyでは、プロットしたい線の方程式を与えるだけで、グラフを作ることができます。方程式$y = 2x + 3$で与えられる線をプロットしましょう。

```
>>> from sympy.plotting import plot
>>> from sympy import Symbol
>>> x = Symbol('x')
>>> plot(2*x+3)
```

plotをsympy.plottingから、Symbolをsympyからインポートして、記号xを作り、式$2*x+3$でplot()関数を呼び出すだけでよいのです。SymPyが他をすべて行い図4-1のように関数のグラフをプロットします。

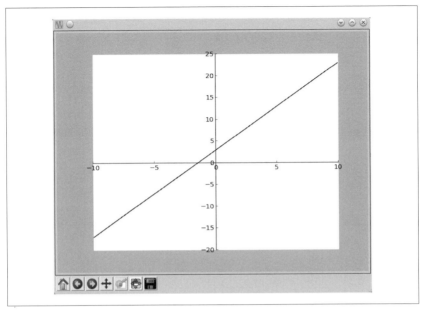

図4-1　線 $y = 2x + 3$ のプロット

　このグラフでは、x の値の範囲が自動的に -10 から 10 のデフォルトの範囲に設定されています。グラフのウィンドウが第2、3章で見たのとほとんど同じことにも気付いたでしょう。SymPy がグラフを描くのに matplotlib を裏で使っているからです。自動的に SymPy が呼んでいるので、show() 関数を呼ばずに済みます。

　このグラフで、'x' の値を（-10 から 10 ではなく）-5 から 5 に変更したいとします。次のようにすれば可能です。

```
>>> plot((2*x + 3), (x, -5, 5))
```

　plot() 関数の第2引数に、記号、範囲の下限と上限からなるタプルを、(x, -5, 5) のように指定します。今度は、x の値が -5 から 5 に対応した y の値までしかグラフは表示されません（図4-2参照）。

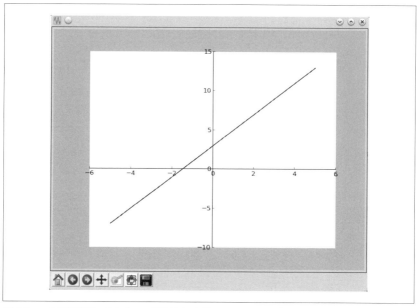

図4-2　xの値が範囲−5から5に制限された線$y=2x+3$のプロット

　plot()関数の他のキーワード引数、例えば表題のtitle、x軸とy軸のラベルを与えるxlabelとylabelを使うこともできます。次のplot()関数は、この3つのキーワード引数を指定します（対応するグラフは図4-3）。

```
>>> plot(2*x + 3, (x, -5, 5), title='A Line', xlabel='x', ylabel='2x+3')
```

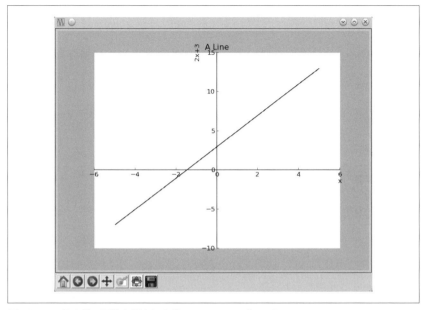

図4-3 xの値や他の属性を指定した線 $y = 2x + 3$ のプロット

図4-3のプロットは、上側に表題、x軸とy軸にラベルを付けています。plot()関数の他のキーワード引数の値を指定して、グラフだけでなく関数の振る舞いもカスタマイズできます。キーワード引数showは、グラフを表示したいかどうかを伝えます。show=Falseを渡せば、plot()関数を呼び出してもグラフを表示しません。

```
>>> p = plot(2*x + 3, (x, -5, 5), title='A Line', xlabel='x', ylabel='2x+3', show=False)
```

このコードではグラフは表示されません。ラベルpが作成されたプロットを指していますから、p.show()を呼び出せばグラフを表示できます。次のようにsave()メソッドを使ってグラフを画像ファイルとして保存することもできます。

```
>>> p.save('line.png')
```

これは、現在のディレクトリのファイルline.pngにプロットを保存します。

4.4.1　ユーザが入力した式をプロットする

plot()関数に渡す式はxだけで表現されていなければなりません。例えば、先ほど $y = 2x + 3$ をプロットしましたが、プロット関数には、単に$2x+3$と渡しただけです。

元の式がこの形式でない場合は、書き換えなければなりません。もちろん、手で行うこともできますが、ユーザがどんな式を指定してもグラフを描くプログラムを書いてみたいとしたらどうでしょうか。例えば、ユーザが $2x + 3y - 6$ と式を入力したら、まずは変換しなければなりません。solve() 関数が助けになります。例を紹介しましょう。

```
>>> expr = input('Enter an expression: ')
Enter an expression: 2*x + 3*y - 6
```
❶ `>>> expr = sympify(expr)`
❷ `>>> y = Symbol('y')`
```
>>> solve(expr, y)
```
❸ `[-2*x/3 + 2]`

❶で sympify() 関数を使って入力式を SymPy オブジェクトに変換します。❷で 'y' を表す Symbol オブジェクトを作り SymPy にどの変数について方程式を解くのか指定できるようにします。そして、y を solve() 関数の第2引数に指定することで、式を y について解き、x で表します。❸でプロットに必要な x による式が返ってきます。

最後の式がリストなのに注意してください。使うためには、式をリストから取り出す必要があります。

```
>>> solutions = solve(expr, 'y')
```
❶ `>>> expr_y = solutions[0]`
```
>>> expr_y
-2*x/3 + 2
```

ラベル solutions を作って solve() 関数の返す結果、1要素のリストを指します。❶で要素を取り出します。plot() 関数を呼び出してこの式のグラフを描けます。次のコードはグラフ描画プログラムの全体です。

```
'''
Plot the graph of an input expression
'''

from sympy import Symbol, sympify, solve
from sympy.plotting import plot

def plot_expression(expr):

    y = Symbol('y')
```

```
        solutions = solve(expr, y)
        expr_y = solutions[0]
        plot(expr_y)

    if __name__=='__main__':

        expr = input('Enter your expression in terms of x and y: ')
        try:
            expr = sympify(expr)
        except SympifyError:
            print('Invalid input')
        else:
            plot_expression(expr)
```

このプログラムが不当な入力をチェックするため前のsympify()のときと同じように try...except ブロックを含むことに注意してください。プログラムを実行すると、式の入力を求め、対応するグラフを作ります。

4.4.2　複数の関数をプロットする

SymPyのplot関数を呼び出すとき、複数の式を与えて、同じグラフに複数の式をプロットできます。例えば、次のコードは2つの直線を一度にプロットします。

```
>>> from sympy.plotting import plot
>>> from sympy import Symbol
>>> x = Symbol('x')
>>> plot(2*x+3, 3*x+1)
```

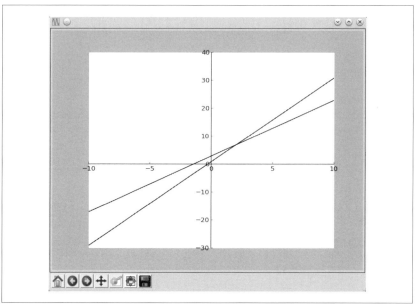

図4-4　同じグラフに2つの線をプロットする

　この例からmatplotlibでプロットするのとSymPyでプロットするのでは他にも違いのあることがわかります。SymPyでは両方の線が同じ色ですが、matplotlibなら自動的に線の色が異なっているはずです。SymPyで各線に異なる色を指定するには、次のコードに示すステップを追加する必要があります。ここでは、グラフの凡例も追加しています。

```
>>> from sympy.plotting import plot
>>> from sympy import Symbol
>>> x = Symbol('x')
❶ >>> p = plot(2*x+3, 3*x+1, legend=True, show=False)
❷ >>> p[0].line_color = 'b'
❸ >>> p[1].line_color = 'r'
>>> p.show()
```

　plot()関数を❶では2つの線の式で呼び出していますが、legendとshowという2つのキーワード引数を加えています。legendをTrueにすることで、2章でも説明したように凡例を追加します。ただし、凡例の語句がプロットした式であることに注意してください。他の語句は指定できません。グラフを描画する前に、線の色を設定し

たいので show=False にしています。❷の文で、p[0] は最初の線 $2x+3$ を指し、その属性 line_color を 'b' に設定して、線を青にすることを意味します。同様に、第2のプロットの色は文字列 'r' で赤にします（❸）。最後に show() を呼び出してグラフを表示します（図4-5参照）。

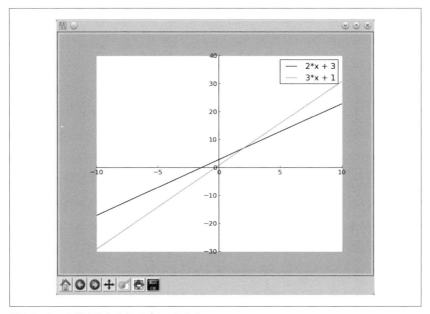

図4-5　2つの線を異なる色でプロットする

赤と青以外に、(黒 = k を除けば、先頭英文字で) 緑、シアン、マゼンタ、黄、黒、白の線をプロットできます[※1]。

4.5　学んだこと

本章では、SymPyで式の計算をする基本を学びました。記号を定義し、記号と演算子を用いて式を構築し、方程式を解き、グラフをプロットすることを学びました。後の章で、SymPyの機能をさらに学びます。

※1　訳注：色指定は実は数値指定で行われており、http://matplotlib.org/api/colors_api.html や http://www.keller.com/html-quickref/4a.html に名前指定の表がある。略称がどこまで使用可能かは、明確に文書化されていないのが実情なので、きちんと色名を記述したほうがよい。存在しない色名を与えると、ValueError: to_rgb: Invalid rgb arg "l" となる。

4.6　プログラミングチャレンジ

学んだことを役立てるためのプログラミングチャレンジです。解答例をhttps://www.nostarch.com/doingmathwithpython/に掲載しています。

問題4-1　因数ファインダ

式の因数を見つけるfactor()関数について本章で学びました。プログラムでユーザが入力した式をどう扱うかわかっているはずですから、ユーザに式の入力を求めて、因数を計算し出力するプログラムを書きなさい。プログラムは、例外処理を使って不当な入力を扱えねばなりません。

問題4-2　グラフを使った方程式ソルバー

ユーザに$3x + 2y - 6$のような式を入力するよう促し、式に対応するグラフを作るプログラムを書く方法を学びました。ユーザに2つの式の入力を求め、両方のグラフを描く次のようなプログラムを書きなさい。

```
>>> expr1 = input('Enter your first expression in terms of x and y: ')
>>> expr2 = input('Enter your second expression in terms of x and y: ')
```

expr1とexpr2がユーザ入力の2つの式を格納します。try...exceptブロックでsympify()を使い、両式をSymPyオブジェクトに変換します。

そして、1つではなく2つの式をプロットすればよいのです。

ここまでできたら、プログラムを拡張して、解、両方の方程式を同時に満たすxとyの対を出力します。これは、グラフ上で2線が交わる点です（ヒント：2元連立方程式の解を求めるのに、solve()関数をどう使ったか思い出すこと）。

問題4-3　級数の和

「4.2.2.1　級数を出力する」では、級数の和を計算する方法を学びました。級数の全項をループして足し合わせました。次はそのプログラムのスニペットです。

```
for i in range(2, n+1):    series = series + (x**i)/i
```

このような和の計算には、SymPyのsummation()関数が直接使えます。次の例は、その級数の最初の5項の和を出力します。

```
>>> from sympy import Symbol, summation, pprint
>>> x = Symbol('x')
>>> n = Symbol('n')
❶ >>> s = summation(x**n/n, (n, 1, 5))
>>> pprint(s)
 5    4    3    2
x    x    x    x
-- + -- + -- + -- + x
 5    4    3    2
```

summation()関数を❶で呼び出しますが、第1引数が級数の第n項、第2引数がnの範囲を示すタプルです。最初の5項の和を計算したいので、第2引数が(n, 1, 5)となります。

和が得られたら、subs()メソッドを使ってxに値を代入し、和の数値を見つけます。

```
>>> s.subs({x:1.2})
3.51206400000000
```

課題は、算術級数の和を計算できるプログラムを書くことです。級数の第n項と項数とを入力します。プログラムの実行例は次のようになります。

```
Enter the nth term: a+(n-1)*d
Enter the number of terms: 3
3·a + 3·d
```

この例では、与えられた第n項は、**等差数列**（arithmetic progression）です。aから始まり、**公差**（common difference）がdで、和をとる項は3つです。和は、等差数列の和の公式通り、3a + 3dになります。

問題4-4　1変数の不等式を解く

SymPyのsolve()関数を使って方程式を解く方法を見てきました。SymPyには$x+5>3$や$\sin x - 0.6 > 0$のような一変数不等式を解く機能もあります。すなわち、SymPyは等号のほかに＞，＜のような大小関係も解くことができるのです。この課題は、不等式を解き、解を返すisolve()という関数を作ることです。

まず、この実装に役立つSymPyの関数について学びましょう。不等式を解く関数には、多項式、有理式、その他の不等式の3種類があります。不等式を解くために正しい関数を選ぶ必要があります。さもないと、エラーになります。

多項式 (polynomial) とは、変数と係数とからなり、演算子が加減算、乗算、正のべき指数だけからなる代数式です。多項不等式の一例は、$x^2 + 4 < 0$ です。

多項不等式を解くには、solve_poly_inequality() 関数を使います。

```
>>> from sympy import Poly, Symbol, solve_poly_inequality
>>> x = Symbol('x')
❶ >>> ineq_obj = -x**2 + 4 < 0
❷ >>> lhs = ineq_obj.lhs
❸ >>> p = Poly(lhs, x)
❹ >>> rel = ineq_obj.rel_op
>>> solve_poly_inequality(p, rel)
[(-oo, -2), (2, oo)]
```

まず❶で不等式 $-x^2 + 4 < 0$ を表す式を作り、この式をラベル ineq_obj で指します。そして、不等式の左辺、すなわち代数式 $-x^2 + 4$ を属性 lhs を用いて❷で取り出します。次に、❷で取り出した多項式を表す Poly オブジェクトを❸で作ります。このオブジェクトを作る際に渡された第2引数は、変数 x を表す記号オブジェクトです。❹で rel 属性を用いて不等式オブジェクトから関係演算子を抽出します。最後に、多項式オブジェクト p と関係 rel の2引数で solve_poly_inequality() 関数を呼び出します。プログラムは解をタプルのリストで返します。各タプルは、数値範囲の下限と上限で、不等式が成り立つ解を表します。この不等式では、解は、-2 より小さいか、2 より大きいすべての数です。

有理式 (rational expression) は、分子も分母も多項式である代数式です。有理不等式の例は次のようなものです。

$$\frac{x-1}{x+2} > 0$$

有理不等式には、solve_rational_inequalities() 関数を使います。

```
>>> from sympy import Symbol, Poly, solve_rational_inequalities
>>> x = Symbol('x')
❶ >>> ineq_obj = ((x-1)/(x+2)) > 0
>>> lhs = ineq_obj.lhs
❷ >>> numer, denom = lhs.as_numer_denom()
>>> p1 = Poly(numer)
>>> p2 = Poly(denom)
>>> rel = ineq_obj.rel_op
❸ >>> solve_rational_inequalities([[((p1, p2), rel)]])
(-oo, -2) U (1, oo)
```

有理不等式の例を表す不等式オブジェクトを❶で作り、lhs 属性を用いて有理式を取り出します。as_numer_denom() メソッドを❷で用いて分子と分母をラベルnumer とdenom に分けます。このメソッドは、分子と分母を要素とするタプルを返します。それから、分子と分母をそれぞれ表す2つの多項式オブジェクトp1 とp2 を作ります。関係演算子を取り出して、solve_rational_inequalities()関数を2つの多項式オブジェクト、p1 とp2 と関係演算子とを渡して呼び出します。

プログラムは解(-oo, -2) U (1, oo)を返します。そのUは、-2 よりも小さいすべての数と1 より大きいすべての数という2つの集合の**和集合**が解であることを示します（集合については5章で学びます）。

最後に、$\sin x - 0.6 > 0$ は多項不等式にも有理不等式にも属さない不等式の例です。そのような不等式を解くには、solve_univariate_inequality()関数を使います。

```
>>> from sympy import Symbol, solve, solve_univariate_inequality, sin
>>> x = Symbol('x')
>>> ineq_obj = sin(x) - 0.6 > 0
>>> solve_univariate_inequality(ineq_obj, x, relational=False)
(0.643501108793284, 2.49809154479651)
```

不等式を表す不等式オブジェクトを作り、solve_univariate_inequality()関数を不等式オブジェクトineq_obj と記号オブジェクトx を最初の2引数として呼び出します。キーワード引数relational=Falseは解を**集合**として返すことを指定します。この不等式の解は、プログラムが返すタプルの第1要素と第2要素との間のすべての数です。

ヒント：役立つ関数

課題は、(1)任意の不等式を受け取るisolve()関数を作ること、(2)不等式を解くためにここで論じた関数から適切なのを選んで、解を返すことだということを覚えておいてください。

expr.is_polynomial() メソッドは式が多項式かどうかをチェックします。

```
>>> x = Symbol('x')
>>> expr = x**2 - 4
>>> expr.is_polynomial()
True
>>> expr = 2*sin(x) + 3
>>> expr.is_polynomial()
```

False

is_rational_function() は式が有理式かどうかをチェックするのに使えます。

```
>>> expr = (2+x)/(3+x)
>>> expr.is_rational_function()
True
>>> expr = 2+x
>>> expr.is_rational_function()
True
>>> expr = 2+sin(x)
>>> expr.is_rational_function()
False
```

sympify() 関数は、文字列で表された不等式を不等式オブジェクトに変換します。

```
>>> from sympy import sympify
>>> sympify('x+3>0')
x + 3 > 0
```

プログラムを実行すると、ユーザに不等式の入力を要請して、解を返します。

5章
集合と確率を操作する

本章では、プログラムで数集合を理解し操作するためにはどうするかを学びます。それから確率の基本概念を理解するのに集合がどのように役立つかを学びます。最後にランダムな事象をシミュレーションする乱数生成について学びます。では始めましょう。

5.1　集合とは何か

集合（set）とは、**要素**（element）または**メンバー**などと呼ばれるそれぞれ異なるオブジェクト[※1]の集まりです。一般のオブジェクトの集まりとは、次の2つの特性で異なります。集合は「明確に定義され（well defined）」ており、「このオブジェクトは、この集まりにあるか」という質問に対して、規則もしくは所与の基準に基づき、常にイエス／ノーのどちらかで明確に答えることができます。第二の特性は、集合の中のどの2つの要素をとっても、同じではないことです。集合の要素は、数、人、モノ、言葉など、何でも構いません[※2]。

SymPyを使ってPythonで集合を扱う方法を学びながら、集合の基本的な特性を確認していきましょう。

[※1] 訳注：まえがきの前提で「Pythonのクラスオブジェクト」を知っていることとあった。Pythonの立場では、ここの「オブジェクト」はクラスオブジェクトに限らず、本書でもあちこちで使ってきたオブジェクトと特に変わるところはなく、もっと広くPythonで取り扱えるものすべてが対象になる。集合論の立場では、識別可能な対象を指す。「もの」だとか「物体」が例として用いられるが、集合論ではモノから離れた概念である。要素として考えられればいい極めて広い定義を与えられることを知っておいてほしい。

[※2] 訳注：実は、上のwell-definedに関係するが、矛盾を来す要素は、集合の要素にはなり得ない。例えば、「すべての集合の集合」とか「自分自身を要素として含まない集合の集合」の要素は、集合が矛盾なく定義できないので、集合の要素になり得ない。

5.1.1　集合の構成

数学記号では、波括弧で要素を括って集合を表します。例えば、{2, 4, 6}は2, 4, 6を要素とする集合を表します。Pythonで集合を作るには、sympyパッケージのFiniteSetクラスを使います。

```
>>> from sympy import FiniteSet
>>> s = FiniteSet(2, 4, 6)
>>> s
{2, 4, 6}
```

上のコードは最初にSymPyからFiniteSetクラスをインポートして、それから、集合の要素を引数に渡してクラスのオブジェクトを作り、ラベルsを作ったばかりの集合に割り当てています。

整数、浮動小数点数、分数など異なる種類の数が同じ集合に格納できます。

```
>>> from sympy import FiniteSet
>>> from fractions import Fraction
>>> s = FiniteSet(1, 1.5, Fraction(1, 5))
>>> s
{1/5, 1, 1.5}
```

集合の**濃度**（cardinality）とは、集合にある要素の個数で、len()関数を使って求められます。

```
>>> s = FiniteSet(1, 1.5, 3)
>>> len(s)
3
```

5.1.1.1　ある数が集合にあるかどうかチェックする

ある数が既存集合の要素かどうかは、in演算子を使ってチェックします。この演算子は「この数がこの集合にあるか」を確認するもので、数がその集合に属すればTrueを返し、そうでないとFalseを返します。例えば、先ほどの集合に4があるかどうかチェックするには、次のように実行します。

```
>>> 4 in s
False
```

5.1.1.2　空集合を作る

要素を何も含まない**空集合**（empty set）を作りたければ、引数なしでFiniteSetオブジェクトを作ります。結果はEmptySetオブジェクトです。

```
>>> s = FiniteSet()
>>> s
EmptySet()
```

5.1.1.3　リストやタプルから集合を作る

集合要素のリストやタプルを引数としてFiniteSetに渡して集合を作ることもできます。

```
>>> members = [1, 2, 3]
>>> s = FiniteSet(*members)
>>> s
{1, 2, 3}
```

この場合、集合要素を直接FiniteSetに渡さずに、まずリストに格納してmembersという名前を付けました。次に、特別なPython構文でFiniteSetにリストを渡しました。この構文は、リストmembersを1つのリストとしてではなく、その要素を別々に渡すことでFiniteSetオブジェクトを作ります。つまり、このFiniteSetオブジェクトの作り方はFiniteSet(1, 2, 3)と同じです。この構文は、集合要素を実行時に作るときに使います。

5.1.1.4　集合要素の重複と順序

Pythonの集合は（数学の集合と同じく）重複する要素を無視して、順序も管理しません。例えば、同じ数が複数個あるリストから集合を作ると、1つだけが集合に含まれて、他は捨てられます。

```
>>> from sympy import FiniteSet
>>> members = [1, 2, 3, 2]
>>> FiniteSet(*members)
{1, 2, 3}
```

リストには、2という数が2つ含まれていましたが、リストから作られた集合には2は1つしかありません。

Pythonのリストとタプルでは、要素は決まった順序で格納されていますが、集合は違います。例えば、集合の各要素を次のように繰り返すことができますが、順序は決まっていません。

```
>>> from sympy import FiniteSet
>>> s = FiniteSet(1, 2, 3)
>>> for member in s:
        print(member)
2
1
3
```

このコードを実行すると、要素はどんな順序で出力されるか予測できません。Pythonでは、集合を格納する際、集合にどの要素があるかは記録管理しますが、その順序までは管理しないからです。

他の例を紹介しましょう。2つの集合が等しいのは、同じ要素を持っているときです。Pythonでは、等号演算子 == を使って2つの集合が等しいかどうかチェックします。

```
>>> from sympy import FiniteSet
>>> s = FiniteSet(3, 4, 5)
>>> t = FiniteSet(5, 4, 3)
>>> s == t
True
```

この2つの集合の要素は順序が異なりますが、集合としては等価です。

5.1.2 部分集合、上位集合、べき集合

集合sが他の集合tの**部分集合** (subset) であるとは、sの全要素がtの要素であることです。例えば、集合$\{1\}$は、集合$\{1, 2\}$の部分集合です。集合が他の集合の部分集合であるかどうかを is_subset() メソッドを使ってチェックできます。

```
>>> s = FiniteSet(1)
>>> t = FiniteSet(1,2)
>>> s.is_subset(t)
True
>>> t.is_subset(s)
False
```

空集合があらゆる集合の部分集合であることに注意してください。また、次のように、どの集合も自分自身の部分集合です。

```
>>> s.is_subset(s)
True
>>> t.is_subset(t)
True
```

集合tは、集合sの要素をすべて含むなら、sの**上位集合**（superset）と言います。ある集合が他の集合の上位集合であるかどうかは`is_superset()`メソッドを使ってチェックできます。

```
>>> s.is_superset(t)
False
>>> t.is_superset(s)
True
```

集合sの**べき集合**（power set）とは、sのすべての部分集合の集合です。任意の集合sには、$2^{|s|}$個の部分集合があります。ここで$|s|$は集合の濃度です。例えば、集合$\{1, 2, 3\}$の濃度は3ですから、2^3すなわち8個の部分集合、$\{\}$（空集合）, $\{1\}, \{2\}, \{3\}, \{1, 2\}, \{2, 3\}, \{1, 3\}, \{1, 2, 3\}$があります。

この部分集合の集合がべき集合で、`powerset()`メソッドを使ってべき集合が得られます。

```
>>> s = FiniteSet(1, 2, 3)
>>> ps = s.powerset()
>>> ps
{{1}, {1, 2}, {1, 3}, {1, 2, 3}, {2}, {2, 3}, {3}, EmptySet()}
```

べき集合も集合なので、`len()`関数を使って濃度がわかります。

```
>>> len(ps)
8
```

べき集合の濃度は$2^{|s|}$、$2^3 = 8$です。

部分集合の定義から、まったく同じ要素を持つ2つの集合は、互いに部分集合にも上位集合にもなります。集合sがtの**真部分集合**（proper subset）であるのは、sのすべての要素がtにあって、しかもtがsにはない要素を少なくとも1つ持つときに限ります。$s = \{1, 2, 3\}$なら、sがtの真部分集合であるのは、tが1, 2, 3の他に少な

くとも 1 つ他の要素を持つ場合です。これは、t が s の**真上位集合**（proper superset）であることも意味します。is_proper_subset() メソッドと is_proper_superset() メソッドでこれらの関係をチェックできます。

```
>>> from sympy import FiniteSet
>>> s = FiniteSet(1, 2, 3)
>>> t = FiniteSet(1, 2, 3)
>>> s.is_proper_subset(t)
False
>>> t.is_proper_superset(s)
False
```

集合 t に他の要素を加えて再定義すれば、s は t の真部分集合に、t は s の真上位集合になります。

```
>>> t = FiniteSet(1, 2, 3, 4)
>>> s.is_proper_subset(t)
True
>>> t.is_proper_superset(s)
True
```

一般的な数の集合

1 章で、数にはいくつかの種類（整数、浮動小数点数、分数、複素数）があることを学びました。これらは異なる数の集合なので、それぞれ別の名前があります。

すべての正と負の整数が整数（integer）全体の集合を作っています。正の整数は**自然数**（natural number）集合（正ではないが、0 が含まれるときもある）になります。これは、自然数集合が整数集合の真部分集合であることを意味します。

有理数（rational number）集合は、分数で表現できる任意の数を含みます。これには、整数と整数部分の後に小数点以下有限個またはその繰り返しで表現される数（1/4 すなわち 0.25 や 1/3 すなわち 0.33333... など）が含まれます。これに対して、繰り返しがなく無限に小数点以下の数が続くのが**無理数**[1]（irrational number）です。2 の平方根や π が、小数点以下の数が繰り返しなく永遠に続く、無理数の例です。

※1 訳注：分数で表現できない。

有理数と無理数を合わせると**実数**（real number）集合になります。しかし、それより大きいのが**複素数**（complex number）集合で、すべての実数と虚部を含むすべての数を含みます。

　これらの数集合は、無限個の要素を持つので無限集合です。本章で論じた集合は、対照的に、有限個の要素からなります。使っているSymPyのクラスがFiniteSetと呼ばれるのはそのためです。

5.1.3　集合演算

　和、積、直積といった集合演算は、ある種の方式で集合の組み合わせを行います。集合演算は、複数の集合をまとめて考慮しないといけない実際の問題解決場面で非常に役立ちます。後で、複数のデータセットの公式に対してこの演算を使ってランダムな事象の確率を計算します。

5.1.3.1　和と積

　2つの集合の**和**（union）は、2つの集合のすべての**異なる**（distinct）要素を含む集合です。集合論では、記号∪で集合和演算を指します。例えば、$\{1, 2\} \cup \{2, 3\}$が新しい集合$\{1, 2, 3\}$になります。SymPyでは2集合の和はunion()メソッドを使って作ります。

```
>>> from sympy import FiniteSet
>>> s = FiniteSet(1, 2, 3)
>>> t = FiniteSet(2, 4, 6)
>>> s.union(t)
{1, 2, 3, 4, 6}
```

　sとtの和を、tを引数として渡すunionメソッドをsに適用して求めます。結果は2つの集合の異なる要素すべてからなる第3の集合です。言い換えると、この集合の要素は、元の2集合のどちらかまたは両方の要素です。

　2集合の**積**（intersection）は、両集合に共通の要素で作った新集合です。例えば、集合$\{1, 2\}$と$\{2, 3\}$との積は、共通要素1つだけの$\{2\}$になります。数学的には、この演算は$\{1, 2\} \cap \{2, 3\}$と書かれます。

　SymPyでは積を求めるのにintersect()メソッドを使います。

```
>>> s = FiniteSet(1, 2)
>>> t = FiniteSet(2, 3)
>>> s.intersect(t)
{2}
```

集合和演算がどちらかの集合にある要素を見つけるのに対して、集合積演算は両方に存在する要素を見つけます。両方の演算とも3個以上の集合にも適用できます。例えば、次は3集合の和を求める方法です。

```
>>> from sympy import FiniteSet
>>> s = FiniteSet(1, 2, 3)
>>> t = FiniteSet(2, 4, 6)
>>> u = FiniteSet(3, 5, 7)
>>> s.union(t).union(u)
{1, 2, 3, 4, 5, 6, 7}
```

同様に、次は3集合の積を求める方法です。

```
>>> s.intersect(t).intersect(u)
EmptySet()
```

集合の積は、3集合 s, t, u で共有する要素がないので空集合になります。

5.1.3.2 直積

2集合の**直積** (Cartesian product) は、それぞれの集合から要素を選んでできるすべての対の集合を作ります。例えば、集合 $\{1, 2\}$ と $\{3, 4\}$ との直積は $\{(1, 3), (1, 4), (2, 3), (2, 4)\}$ です。SymPyでは乗算演算子を使って2集合の直積を求めることができます。

```
>>> from sympy import FiniteSet
>>> s = FiniteSet(1, 2)
>>> t = FiniteSet(3, 4)
>>> p = s*t
>>> p
{1, 2} x {3, 4}
```

上のコードでは集合 s と t との直積をとって、p に格納しました。直積の実際の要素を確認するには、次のように繰り返して出力します。

```
>>> for elem in p:
        print(elem)
```

```
(1, 3)
(1, 4)
(2, 3)
(2, 4)
```

直積の各要素は、第1集合の要素と第2集合の要素とからなるタプルです。

直積の濃度は、各集合の濃度の積になります。それをPythonで示しましょう。

```
>>> len(p) == len(s)*len(t)
True
```

指数演算子（**）を集合に施せば、その集合自身の指定した個数分の直積が得られます。

```
>>> from sympy import FiniteSet
>>> s = FiniteSet(1, 2)
>>> p = s**3
>>> p
{1, 2} x {1, 2} x {1, 2}
```

この例では、集合sを3乗しました。3集合の直積をとっているので、集合の要素からなる3つ組のすべての集合が得られます。

```
>>> for elem in p:
        print(elem)
(1, 1, 1)
(1, 1, 2)
(1, 2, 1)
(1, 2, 2)
(2, 1, 1)
(2, 1, 2)
(2, 2, 1)
(2, 2, 2)
```

集合の直積をとると、集合要素のあらゆる組み合わせを見つけることができます。それを次に検討します。

5.1.3.3　変数の複数集合に公式を適用する

長さLの単振子を考えます。この振子の**周期**（time period）Tすなわち振子が一往復するのにかかる時間は、次の公式で求められます。

$$T = 2\pi\sqrt{\frac{L}{g}}$$

この式で、π は円周率の数学定数、g はその場の重力加速度、地球上では約 9.8 m/s^2 です。π と g は定数で、長さ L だけが式の右辺で定数値を持たない変数です。

単振子の周期が長さによってどう変わるか知りたいとすれば、長さの異なる値に対して、この公式を使って周期を測ります。高校での実験だと、理論値である公式を使って得た周期と、実験室で測った実験値とを比較します。例えば、5つの異なる値 15, 18, 21, 22.5, 25 をとりましょう（すべてcmです）。Pythonで理論値を計算するプログラムを簡単に書くことができます。

```
    from sympy import FiniteSet, pi
❶   def time_period(length):
        g = 9.8
        T = 2*pi*(length/g)**0.5
        return T

    if __name__ == '__main__':
❷       L = FiniteSet(15, 18, 21, 22.5, 25)
        for l in L:
❸           t = time_period(l/100)
            print('Length: {0} cm Time Period: {1:.3f} s'.format(float(l), float(t)))
```

関数 time_period をまず❶で定義します。この関数は、先ほどの公式を、length で渡される与えられた長さに適用します。そして、❷で長さの集合を定義し、❸でその各値に time_period 関数を適用します。長さの値を time_period に渡すとき、100で割っていることに注意してください。この演算は長さを cm から m に変換して、m/s^2 で表す重力加速度の単位に合わせています。最後に、計算した周期を出力します。プログラムを実行すると次のように出力されます。

```
Length: 15.0 cm Time Period: 0.777 s
Length: 18.0 cm Time Period: 0.852 s
Length: 21.0 cm Time Period: 0.920 s
Length: 22.5 cm Time Period: 0.952 s
Length: 25.0 cm Time Period: 1.004 s
```

5.1.3.4 異なる重力、異なる結果

　この実験を、私の住んでいるオーストラリアのブリスベン、北極、そして赤道上の3箇所で行うと仮定しましょう。重力は、その場所の緯度によってわずかに変化します。赤道上では少し低く（約 $9.78 \mathrm{~m/s^2}$）、北極では少し高く（$9.83 \mathrm{~m/s^2}$）なります。これは、式中で、重力を定数ではなく変数として扱い、重力加速度の異なる3つの値 $\{9.8, 9.78, 9.83\}$ について結果を計算することを意味します。

　振子の周期を5つの長さ、3つの場所のそれぞれについて計算する場合、これらの値のすべての組み合わせを系統的に調べるために、次のプログラムで示すように、直積を使うのです。

```
from sympy import FiniteSet, pi
def time_period(length, g):
    T = 2*pi*(length/g)**0.5
    return T

if __name__ == '__main__':
    L = FiniteSet(15, 18, 21, 22.5, 25)
    g_values = FiniteSet(9.8, 9.78, 9.83)
❶   print('{0:^15}{1:^15}{2:^15}'.format('Length(cm)', 'Gravity(m/s^2)', 'Time Period(s)'))
❷   for elem in L*g_values:
❸       l = elem[0]
❹       g = elem[1]
        t = time_period(l/100, g)

❺       print('{0:^15}{1:^15}{2:^15.3f}'.format(float(l), float(g), float(t)))
```

　❷では変数Lとgの値の2集合の直積をとり、値の組み合わせのそれぞれについて繰り返して周期を計算します。組み合わせはそれぞれタプルで表され、各タプルについては、最初の値、長さを❸で、次の値、重力を❹で取り出します。そして、以前と同様に time_period() 関数を2つのラベルを引数として呼び出して、長さ (l)、重力 (g)、対応する周期 (T) を出力します。

　見やすいように表形式で出力します。❶と❺で表形式にフォーマットしています。フォーマット文字列 {0:^15}{1:^15}{2:^15.3f} は、それぞれが15文字幅の3つのフィールドを作り、^記号によって各フィールドの値を中央に位置付けられます。❺の print 文の最後のフィールドで、'.3f' は小数点以下の数値を3桁に限ります。

　このプログラムを実行すると、次のように出力されます。

Length(cm)	Gravity(m/s^2)	Time Period(s)
15.0	9.78	0.778
15.0	9.8	0.777
15.0	9.83	0.776
18.0	9.78	0.852
18.0	9.8	0.852
18.0	9.83	0.850
21.0	9.78	0.921
21.0	9.8	0.920
21.0	9.83	0.918
22.5	9.78	0.953
22.5	9.8	0.952
22.5	9.83	0.951
25.0	9.78	1.005
25.0	9.8	1.004
25.0	9.83	1.002

　この実験は、複数集合（あるいは数のグループ）の要素のすべての組み合わせを必要とする単純な例です。このような状況では、直積がまさに必要なものです。

5.2　確率

　集合は、確率の基本概念について理論的に考える基礎となります。定義から始めましょう。

実験（experiment）
: 行いたいテストです。結果の確率に興味があるからテストをします。サイコロを振る、硬貨を投げる、山からトランプの札を引くなどはすべて実験の例です。実験を1つ行うことを**試行**（trial）と呼びます。

標本空間（sample space）
: 実験のすべての可能な結果は、式の中ではSで指す標本空間と呼ばれる集合になります。例えば、6面のサイコロを一度振った標本空間は$\{1, 2, 3, 4, 5, 6\}$です。

事象（event）
: 確率を計算しようとする結果の集合で、標本空間の部分集合になります。例えば、サイコロの3の目のような特定の結果の確率を知りたいこともあれば、

(2, 4, 6のいずれか) 偶数の目という複数の結果の確率を知りたいこともあるでしょう。式中では事象を指すのに文字Eを使います。

一様分布 (uniform distribution)、すなわち、標本空間で結果がすべて等しく起こりやすいならば、事象が起こる確率$P(E)$は、次の式で計算されます (非一様分布の場合については後で述べます)。

$$P(E) = \frac{n(E)}{n(S)}$$

この式で、$n(E)$と$n(S)$とは、事象の集合Eと標本空間Sのそれぞれの濃度です。$P(E)$の値の範囲は0から1で、値が高いほど事象の起こる機会が多いことを示します。

この式をサイコロ投げに適用して、特定の目、例えば3の確率を計算しましょう。

$$S = \{1, 2, 3, 4, 5, 6\}$$
$$E = \{3\}$$
$$n(S) = 6$$
$$n(E) = 1$$
$$P(E) = \frac{1}{6}$$

特定の目の確率が1/6であることを確かめました。これは、ずっと明らかだと思われていたことです。この計算を頭の中で行うことも容易ですが、この式を使って事象eventの標本空間spaceでの確率を計算する関数を次のように書けます。

```
def probability(space, event):
    return len(event)/len(space)
```

この関数では、2引数spaceとevent、標本空間と事象とはFiniteSetを使って作られた集合である必要はありません。リストも含め、len()関数をサポートするPythonオブジェクトなら何でも構いません。

この関数を使って、20面のサイコロを振ったとき素数の出る確率を計算するプログラムを書きましょう。

```
def probability(space, event):
    return len(event)/len(space)
```

❶ `def check_prime(number):`

```
        if number != 1:
            for factor in range(2, number):
                if number % factor == 0:
                    return False
        else:
            return False
        return True

    if __name__ == '__main__':
❷       space = FiniteSet(*range(1, 21))
        primes = []
        for num in space:
❸           if check_prime(num):
                primes.append(num)
❹       event= FiniteSet(*primes)
        p = probability(space, event)

        print('Sample space: {0}'.format(space))
        print('Event: {0}'.format(event))
        print('Probability of rolling a prime: {0:.5f}'.format(p))
```

まず、標本空間を表す集合spaceを❷でrange()関数を使って作ります。事象集合を作るには、標本空間から素数を見つける必要があるので、関数check_prime()を❶で定義します。この関数は整数を2からその数までの数で割り切れるかどうかチェックします。割り切れればFalseを返します。素数は1とその数自身でしか割り切れないので、この関数は素数ならTrueを、そうでないとFalseを返します。

この関数を❸で標本空間の各数に対して呼び出し、素数ならリストprimesに追加します。そして❹で事象集合eventをこのリストから作ります。最後に、先ほど作ったprobability()関数を呼び出します。このプログラムを実行すると、次のように出力されます。

```
Sample space: {1, 2, 3, ..., 18, 19, 20}
Event: {2, 3, 5, 7, 11, 13, 17, 19}
Probability of rolling a prime: 0.40000
```

ここで$n(E) = 8$かつ$n(S) = 20$なので確率Pは0.4です。

20面サイコロプログラムでは、実は集合を作る必要はありません。標本空間と事象をリストで渡し、probability()関数を呼び出せばよいのです。

```
if __name__ == '__main__':
    space = range(1, 21)
    primes = []
    for num in space:
        if check_prime(num):
            primes.append(num)
    p = probability(space, primes)
```

この場合も probability() 関数は同様に動作します。

5.2.1 事象Aまたは事象Bの確率

起こりうる2つの事象に着目し、どちらかの事象が起こる確率を知りたいとします。例えば、簡単なサイコロ投げに戻り、次の2つの事象を考えましょう。

$$A = 目が素数$$
$$B = 目が奇数$$

以前同様、標本空間Sは$\{1, 2, 3, 4, 5, 6\}$です。事象Aは部分集合$\{2, 3, 5\}$、標本空間の素数集合で表し、事象Bは$\{1, 3, 5\}$、標本空間の奇数で表します。結果がどちらかの集合である確率を計算するには、2集合の**和**(union)の確率を計算します。次のように表せます。

$$E = \{2, 3, 5\} \cup \{1, 3, 5\} = \{1, 2, 3, 5\}$$

$$P(E) = \frac{n(E)}{n(S)} = \frac{4}{6} = \frac{2}{3}$$

Pythonでこの計算を行いましょう。

```
>>> from sympy import FiniteSet
>>> s = FiniteSet(1, 2, 3, 4, 5, 6)
>>> a = FiniteSet(2, 3, 5)
>>> b = FiniteSet(1, 3, 5)
❶ >>> e = a.union(b)
>>> len(e)/len(s)
0.6666666666666666
```

まず標本空間を表す集合sを作り、さらに集合aとbを作ります。そして、❶でunion()メソッドを使って事象集合eを求めます。最後に、前の式を用いて2集合の和の確率を計算します。

5.2.2 事象Aおよび事象Bの確率

2つの事象を考えていて、両方が起こる場合、例えば、サイコロの目が奇数かつ素数の機会を計算したいとします。これを決定するには、2つのイベント集合の積の確率の計算をします。

$$E = A \cap B = \{2, 3, 5\} \cap \{1, 3, 5\} = \{3, 5\}$$

AとBの両方が起こる確率をintersect()メソッドを使って計算できますが、前の場合とほぼ同じです。

```
>>> from sympy import FiniteSet
>>> s = FiniteSet(1, 2, 3, 4, 5, 6)
>>> a = FiniteSet(2, 3, 5)
>>> b = FiniteSet(1, 3, 5)
>>> e = a.intersect(b)
>>> len(e)/len(s)
0.3333333333333333
```

5.2.3 乱数生成

確率概念から、事象が起こる確率を計算できます。プログラムを使って、サイコロ投げのような事象を実際にシミュレーションするには、乱数を生成する必要があります。

5.2.3.1 サイコロ投げをシミュレーションする

6面サイコロ投げをシミュレーションするには、1から6の乱数を生成する方法が要ります。Python標準ライブラリのrandomモジュールは、乱数を生成するさまざまな関数を提供しています。本章では、与えられた範囲の整数乱数を生成するrandint()関数と0から1の浮動小数点数を生成するrandom()関数を使います。random()関数がどのように動作するか簡単に例を紹介しましょう。

```
>>> import random
>>> random.randint(1, 6)
4
```

randint()関数は2つの整数を引数として、その2つの数の（両端を含む）間のランダムな整数を返します。この例では、範囲(1, 6)を渡し、数4を返します。再度呼び

出すと、異なる数を返します。

```
>>> random.randint(1, 6)
6
```

randint()関数を呼び出すと、仮想サイコロ投げをシミュレーションできます。このプログラムを呼び出すごとに、ちょうど6面サイコロを振ったのと同様に、1から6までの数が得られます。randint()は、下限を最初に与えるものと想定しているので、randint(6, 1)が不当であることに注意してください。

5.2.3.2　その目を出せますか

次のプログラムは、目の合計が20になるまで、6面サイコロを振り続ける簡単なサイコロゲームをシミュレーションします。

```
'''
Roll a die until the total score is 20    総和が20になるまでサイコロを振る
'''
import matplotlib.pyplot as plt
import random

target_score = 20

def roll():
    return random.randint(1, 6)

if __name__ == '__main__':
    score = 0
    num_rolls = 0
❶   while score < target_score:
        die_roll = roll()
        num_rolls += 1
        print('Rolled: {0}'.format(die_roll))
        score += die_roll

    print('Score of {0} reached in {1} rolls'.format(score, num_rolls))
```

最初に、前と同じroll()関数を定義します。そして、❶でwhileループを使ってこの関数を呼び出し、振った回数を記録し、現在の目を出力して、点数に足します。このループは点数が20に達するまで続き、そこでプログラムは点数と振った回数を出力します。

実行例は次のようになります。

```
Rolled: 6
Rolled: 2
Rolled: 5
Rolled: 1
Rolled: 3
Rolled: 4
Score of 21 reached in 6 rolls
```

プログラムを何度か実行すると、20に達するまで振る回数が変わることに気付くでしょう。

5.2.3.3　目標点数は可能か

次のプログラムも同じようなものですが、目標とする点数が決められた振れる回数内で達成可能かどうかを示します。

```
from sympy import FiniteSet
import random

def find_prob(target_score, max_rolls):

    die_sides = FiniteSet(1, 2, 3, 4, 5, 6)
    # sample space   標本空間
❶   s = die_sides**max_rolls
    # Find the event set
    if max_rolls > 1:
        success_rolls = []
❷       for elem in s:
            if sum(elem) >= target_score:
                success_rolls.append(elem)
    else:
        if target_score > 6:
❸           success_rolls = []
        else:
            success_rolls = []
            for roll in die_sides:
❹               if roll >= target_score:
                    success_rolls.append(roll)
❺   e = FiniteSet(*success_rolls)
    # calculate the probability of reaching target score   目標点数に達する確率の計算
```

```
        return len(e)/len(s)

if __name__ == '__main__':
    target_score = int(input('Enter the target score: '))
    max_rolls    = int(input('Enter the maximum number of rolls allowed: '))
    p = find_prob(target_score, max_rolls)
    print('Probability:  {0:.5f}'.format(p))
```

このプログラムを実行すると、目標点数と振れる回数の限界とを入力するよう求めて、それから、目標が達成できる確率を出力します。

実行例を2つ示します。

```
Enter the target score: 25
Enter the maximum number of rolls allowed: 4
Probability: 0.00000

Enter the target score: 25
Enter the maximum number of rolls allowed: 5
Probability: 0.03241
```

確率計算するfind_prob()関数の動作を理解しましょう。標本空間は、直積$die\_sides^{max\_rolls}$です（❶）。die_sidesは集合 $\{1, 2, 3, 4, 5, 6\}$ で、サイコロの目を表し、max_rollsは振れる回数の最大値を表します。

事象集合は、標本空間の中でこの目標に達することのできるすべての集合です。2つの場合に分けて考えます。振る回数が1より大きいか、最後のひと振りの場合かです。最初の場合は、❷で直積内のタプルを繰り返して、出た目（タプルの要素）の和がtarget_scoreに達するか超えたら、success_rollsリストに加えます。第二の場合は特別です。標本空間が集合$\{1, 2, 3, 4, 5, 6\}$であり、サイコロを1回しか振ることができません。目標点数が6より大きければ、達成不能であり、❸でsuccess_rollsを空リストにします。target_scoreが6以下なら、可能な目について繰り返してtarget_score以上のものを❹でsuccess_rollsに追加します。

❺で作成したsuccess_rollsリストから事象集合eを計算し、目標点数に達する確率を返します。

5.2.4 非一様乱数

これまでの確率についての議論は、標本空間での結果がどれも同程度に起こりやすいと仮定してきました。例えば、random.randint()関数は指定された範囲内の整数をどの整数も**同じ程度に出やすい**（equally likely）として返します。このような確率を**一様確率**（uniform probability）と呼び、randint()関数が生成する乱数を**一様乱数**（uniform random number）と呼びます。ところで、表が裏より2倍出やすいように細工した変造硬貨投げをシミュレーションしたいとしましょう。**非一様**（nonuniform）乱数を生成する方法が必要になります。

そのプログラムを書く前に、背景にある概念をまとめます。

図5-1に示すような、長さ1の数直線を等間隔に2つに分けたものを考えます。

図5-1 硬貨投げの表と裏の確率に対応する2つの等間隔に分けた長さ1の数直線

これを**確率数直線**（probability number line）と呼び、各区間が、歪みのない硬貨投げでの表と裏のような、起こりやすさが等しい結果を表すことにします。次に、**図5-2**で、違う数直線を考えます。

図5-2 偏りがある硬貨投げの表と裏の確率に対応する2つの等しくない間隔に分けた長さ1の数直線

今度は、表に対応する区間が全長の2/3で、裏に対応する区間が1/3です。これは、投げた2/3が表、1/3が裏になる硬貨投げを表します。次のPython関数は、この表と裏の出てくる確率が等しくない場合を考慮して、そのような硬貨投げをシミュレーションします。

```
import random

def toss():
```

```
    # 0 -> Heads, 1-> Tails
❶   if random.random() < 2/3:
        return 0
    else:
        return 1
```

関数が0を返すと表、1を返すと裏と定め、❶でrandom.random()関数を使って0から1の乱数を生成します。乱数が、2/3（偏りのある硬貨で表の出る確率）より小さいとプログラムは0を返し、そうでないと1（裏）を返します。

複数の可能な結果がある非一様事象をシミュレーションするために、この関数をどのように拡張できるか検討します。ボタンを押すと$5, $10, $20, $50札のいずれかが出る架空ATMを考えます。紙幣の額面によって、払い出される確率が異なります。

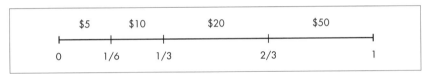

図5-3　異なる額面の紙幣を払い出す確率に対応した異なる長さの4つの区間に分けた長さ1の数直線

ここで、$5と$10の紙幣の払い出し確率は1/6、$20と$50の紙幣の払い出し確率は1/3です。

確率の**累積和**（rolling sum）を格納するリストを作り、0から1の乱数を発生します。累積和のリストの左端から始めて、和が乱数の値以上になる最初の要素の添字を返します。get_index()関数は、このアイデアを実装しています。

```
'''
Simulate a fictional ATM that dispenses dollar bills    各種紙幣を異なる確率で払う空想
of various denominations with varying probability       ATMのシミュレーション
'''

import random

def get_index(probability):
    c_probability = 0
❶   sum_probability = []
    for p in probability:
        c_probability += p
        sum_probability.append(c_probability)
```

```
❷          r = random.random()
           for index, sp in enumerate(sum_probability):
❸              if r <= sp:
                   return index
❹          return len(probability)-1

       def dispense():

           dollar_bills = [5, 10, 20, 50]
           probability = [1/6, 1/6, 1/3, 1/3]
           bill_index = get_index(probability)
           return dollar_bills[bill_index]
```

　get_index()関数を、対応する位置にある事象の生起確率のリストで呼び出します。そして、❶でリスト sum_probability を作り、i 番目の要素が、probability の最初の i 個の要素の和になるようにします。つまり、sum_probability の最初の要素は、probability の最初の要素に等しく、第2の要素は、probability の最初の2つの要素の和に等しいというわけです。❷では、0から1の範囲の乱数を生成して、ラベルrで指します。次に❸で sum_probability を繰り返してrを最初に超える要素の添字を返します。

　関数の最終行（❹）では特別な場合を扱います。これは、例で説明するのが一番よいでしょう。生起確率がそれぞれ0.33で表される3つの事象のリストを考えます。この場合、リスト sum_probability は、[0.33, 0.66, 0.99] となります。生成された乱数rが0.99314だとしましょう。このrの値に対して事象リストの最後の要素を選びます。これは、最後の事象が33％で選ばれるという当初の設定より高くなるので正確でないという議論もあるかもしれません。❸の条件では、sum_probability の要素でこのr値より大きいものは存在しません。このままでは、関数 get_index は添字を返すことができません。❹の文はこの場合を受けて、最後の要素の添字を返しています[※1]。

　dispense()関数を呼び出して、ATMでの大量のドル紙幣の払い出しをシミュレーションすると、各ドル紙幣の出現率が指定された確率に近づくことがわかります。この技法は、次章でフラクタル（fractal）を作るときに役立ちます。

※1　訳注：あまりお勧めではないが、Pythonではこのような状況を記述するものとして、forに対するelseブロックがある。詳しくは、『Effective Python―Pythonプログラムを改良する59項目』（オライリー・ジャパン）の項目12を参照。

5.3　学んだこと

本章は、Pythonで集合をどのように表すかを学ぶことから始めました。集合についてのさまざまな概念に続いて、集合の和、積、直積を学びました。集合概念を使って確率の基本を理解し、最後には、プログラムを使って一様および非一様ランダム事象をどうシミュレーションするかを学びました。

5.4　プログラミングチャレンジ

本章で学んだことを使うよい機会となるプログラミングチャレンジに取り組みます。

問題5-1　ベン図を使って集合の関係を可視化する

ベン図（Venn diagram）は集合の関係をやさしく図示します。2つの集合の間で、どれだけの要素が共通で、どれだけの要素が片方の集合だけにあり、どれだけの要素がどちらにもないかを示します。20より小さい正の奇数の集合 A (A = {1, 3, 5, 7, 9, 11, 13, 15, 17, 19}) と、20より小さい素数の集合 B (B = {2, 3, 5, 7, 11, 13, 17, 19}) を考えましょう。Pythonで matplotlib_venn パッケージ（インストールについては付録A参照）を使ってベン図を描きます。インストールしたら、次のように行います。

```
'''
Draw a Venn diagram for two sets    2集合のベン図を描く
'''
from matplotlib_venn import venn2
import matplotlib.pyplot as plt
from sympy import FiniteSet
def draw_venn(sets):
    venn2(subsets=sets)
    plt.show()

if __name__ == '__main__':
    s1 = FiniteSet(1, 3, 5, 7, 9, 11, 13, 15, 17, 19)
    s2 = FiniteSet(2, 3, 5, 7, 11, 13, 17, 19)
    draw_venn([s1, s2])
```

必要なモジュールと関数（venn2()関数、matplotlib.pyplot、FiniteSetクラス）をインポートして2つの集合を作り、subsetsキーワード引数で集合のリストを指定してvenn2()関数を呼び出せばよいだけです。

図5-4はこのプログラムで作られるベン図を示します。集合 A と B は7要素が共通なので7が共通領域に書かれています。各集合には独自要素があるので、独自要素の個数3と1とがそれぞれの領域に書かれます。2つの集合名は下側に表示されます。set_labels キーワード引数を使って、表示する名前を指定できます。

```
>>> venn2(subsets=(a,b), set_labels=('S', 'T'))
```

名前が S と T になります。

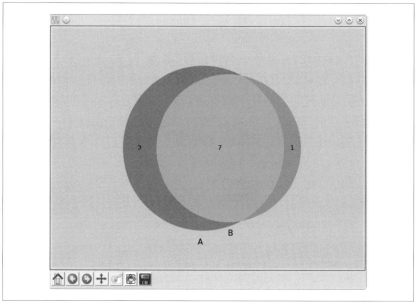

図5-4　2集合AとBの関係を示すベン図

同級生に次の質問をするオンラインアンケートを考えましょう「サッカーをしますか、他のスポーツをしますか、それともスポーツはしませんか？」。結果が得られたら、次のような形式の sports.csv という CSV ファイルを作ります。

```
StudentID,Football,Others
1,1,0
2,1,1
3,0,1
...
```

5.4 プログラミングチャレンジ

クラスの20人分の20行×3列のデータを作りなさい。第1列は学生ID（アンケートは匿名ではありません）、第2列はサッカー好きの学生が「サッカー」にマークしていれば1、第3列は、他のスポーツをするか何もスポーツをしないなら1です。図5-5に示すような、アンケート結果をまとめて図示するベン図を作るプログラムを書きなさい。

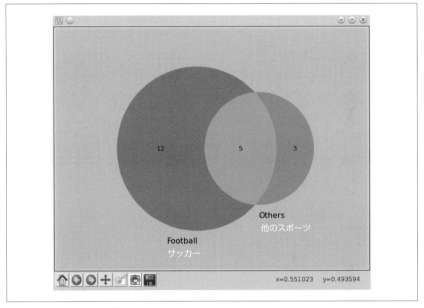

図5-5　サッカー好きの学生数と他のスポーツをする学生数とを示すベン図

作成したsports.csvファイルのデータに応じて、各集合の要素の数は異なります。次の関数はCSVファイルを読んで、サッカーをする学生のものと他のスポーツをする学生のものと対応する2つのIDリストを返します。

```python
def read_csv(filename):
    football = []
    others = []
    with open(filename) as f:
        reader = csv.reader(f)
        next(reader)
        for row in reader:
            if row[1] == '1':
                football.append(row[0])
```

```
            if row[2] == '1':
                others.append(row[0])

    return football, others
```

問題5-2　大数の法則

　乱数を使ってシミュレーションするランダムな事象の例として、サイコロ投げと硬貨投げを取り上げました。サイコロの出た目の数や硬貨の表や裏を指すのに用語「事象」を使い、事象には確率値が伴うとしました。確率論では、通常 X で表す**確率変数**（random variable）が事象を記述します。例えば、$X = 1$ はサイコロの目が1の事象を表し、$P(X = 1)$ はその確率を表します。2種類の確率変数があります。(1) **離散**（discrete）確率変数は整数値だけをとります。本章ではこの確率変数だけを扱いました。(2) **連続**（continuous）確率変数は名前からわかるように実数値をとります。

　離散確率変数の**期待値**（expectation）E は、3章で学んだ平均値と等しくなります。期待値は次のように計算できます。

$$E = x_1 P(x_1) + x_2 P(x_2) + x_3 P(x_3) + \ldots + x_n P(x_n)$$

　6面サイコロでは、サイコロを振った目の**期待値**（expected value）は次のように計算できます。

```
>>> e = 1*(1/6) + 2*(1/6) + 3*(1/6) + 4*(1/6) + 5*(1/6) + 6*(1/6)
>>> e
3.5
```

　大数の法則（law of large numbers）によれば、複数の試行の結果の平均値は、試行数が増えるにつれて期待値に収束します。今回の課題は、6面サイコロを100, 1000, 10000, 100000, 500000という回数振ってみて、この法則を検証することです。期待されるプログラムの実行例は次のようになります。

```
Expected value: 3.5
Trials: 100 Trial average 3.39
Trials: 1000 Trial average 3.576
Trials: 10000 Trial average 3.5054
Trials: 100000 Trial average 3.50201
Trials: 500000 Trial average 3.495568
```

問題5-3　お金がなくなるまで何回硬貨を投げられるか

歪みのない硬貨を投げる簡単なゲームを考えましょう。プレイヤーは表が出れば$1儲け、裏が出ると$1.50失います。プレイヤーの手持ちが$0になるとゲーム終了です。ユーザ入力で指定した金額から始めて、このゲームをシミュレーションするプログラムを書くことが課題です。対戦相手であるコンピュータには無限のお金があるものと仮定します。次はゲームの実行例です。

```
Enter your starting amount: 10
Tails! Current amount: 8.5
Tails! Current amount: 7.0
Tails! Current amount: 5.5
Tails! Current amount: 4.0
Tails! Current amount: 2.5
Heads! Current amount: 3.5
Tails! Current amount: 2.0
Tails! Current amount: 0.5
Tails! Current amount: -1.0
Game over :( Current amount: -1.0. Coin tosses: 9
```

問題5-4　トランプをよく切る

普通の52枚のトランプを考えます。課題は、このトランプを切る（shuffle the deck）のをシミュレーションするプログラムを書くことです。トランプの札を表すのには、整数1, 2, 3, . . . , 52を使うことを勧めます。プログラムを実行するたびに、切ったカード（この場合は切った整数のリスト）を出力します。

プログラムの出力は次のようになります。

[3, 9, 21, 50, 32, 4, 20, 52, 7, 13, 41, 25, 49, 36, 23, 45, 1, 22, 40, 19, 2, 35, 28, 30, 39, 44, 29, 38, 48, 16, 15, 18, 46, 31, 14, 33, 10, 6, 24, 5, 43, 47, 11, 34, 37, 27, 8, 17, 51, 12, 42, 26]

Python標準ライブラリのrandomモジュールには、まさにこの操作を行うshuffle()関数があります。

```
>>> import random
>>> x = [1, 2, 3, 4]
```
❶ `>>> random.shuffle(x)`
```
>>> x
[4, 2, 1, 3]
```

数[4, 2, 1, 3]を含むリストxを作ります。このリストを引数としてshuffle()関数を呼び出します（❶）。xの数が切られていることがわかります。リストの数が「その場で（in place）」切られていることに注意してください。つまり、元の順序は失われます。

このプログラムをトランプのゲームに使いたい場合はどうでしょうか。整数を切ったリストをただ出力しただけでは不足です。整数をトランプのスーツや札の数に戻す方法が必要です。これをする1つの方法は、Pythonのクラスを使ってトランプの札を表すことです。

```
class Card:
    def __init__(self, suit, rank):
        self.suit = suit
        self.rank = rank
```

クラブのエースを表すには、オブジェクトcard1 = Card('clubs', 'ace')を作ります。他のカードにも同じことを行います。次に、すべてのトランプの札のオブジェクトを含むリストを作り、このリストの順序を入れ替えます。結果は、切ったトランプ1組でスーツも札の値もわかります。プログラムの出力は次のようになります。

```
10 of spades
6 of clubs
jack of spades
9 of spades
```

問題5-5　円の領域を推定する

一辺$2r$の正方形の中に置かれた半径rの円のダーツボードを考えます。ダーツをたくさん投げると、命中するものもあれば外れるものもあります。円内に命中するものをNとします。外れるものをMとします。円内に命中したダーツの割合を考えると、

$$f = \frac{N}{N+M}$$

となり、Aを正方形の領域として、$f \times A$が円の領域にほぼ等しくなります（図5-6参照）。図5-6では、ダーツは小さな丸で表されます。$f \times A$を**推定領域**（estimated area）と呼びます。実際の値はもちろんπr^2です。

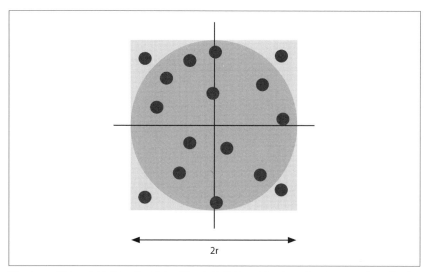

図5-6 一辺$2r$の正方形のボード中に置かれた半径rの円。丸はボードにランダムに投げられたもの。

この課題の中では、任意の半径を与えられた円の推定領域を、この方式で求めるプログラムを書きます。このプログラムでは、ダーツの3種類の個数、$10^3, 10^5, 10^6$について円の推定領域を出力します。ダーツの数が増えるにつれて推定領域が実際の値に近づくことがわかります。解の実行例は次のようになります。

```
Radius: 2
Area: 12.566370614359172, Estimated (1000 darts): 12.576
Area: 12.566370614359172, Estimated (100000 darts): 12.58176
Area: 12.566370614359172, Estimated (1000000 darts): 12.560128
```

ダーツ投げは、random.uniform(a, b)関数呼び出しでシミュレーションできます。これは、aとbとの間の乱数を返します。この課題では、$a = 0, b = 2r$（正方形の一辺）を使います。

πの値を推定する

図5-6をもう一度考えましょう。正方形領域は$4r^2$で、円領域はπr^2です。円領域を正方形領域で割ると$\pi/4$になります。前に計算した割合

$$f = \frac{N}{N+M}$$

は、π/4 の近似で、次の値

$$4\frac{N}{N+M}$$

が π の値に近いことを意味します。課題の次は、任意の半径について、π の値を推定するプログラムを書くことです。ダーツの個数を増やすにつれて、π の推定値がよく知られた値に近づきます。

6章
幾何図形とフラクタルを描画する

本章では、円、三角形、多角形など幾何図形を描くmatplotlibの**パッチ**（patches）を学ぶことから始めます。そしてmatplotlibのアニメーションサポートを学び、投射軌跡をアニメーションするプログラムを書きます。最後の節では、単純な幾何変換を繰り返し適用することによって作られる複雑な幾何図形**フラクタル**をどのように描くかを学びます。では始めましょう。

6.1 matplotlibのパッチで幾何図形を描く

matplotlibでは、幾何図形を描くパッチというクラスの集まりがあります。例えば、円の半径と中心を指定して、対応する円をプロットに追加できます。これまでプロットする点のx座標とy座標を指定してmatplotlibを使ってきたものとは、まったく異なる使い方です。パッチ機能を使ったプログラムを書く前に、matplotlibの plot がどのように作られたのかを少し理解しておく必要があるでしょう。matplotlibを使って点$(1, 1), (2, 2), (3, 3)$をプロットする次のプログラムを考えましょう。

```
>>> import matplotlib.pyplot as plt
>>> x = [1, 2, 3]
>>> y = [1, 2, 3]
>>> plt.plot(x, y)
[<matplotlib.lines.Line2D object at 0x 7fe822d67a20>]
>>> plt.show()
```

このプログラムは、指定した点を通過する線を表示するmatplotlibウィンドウを作ります。背後では、`plt.plot()`関数が呼ばれたときに Figure オブジェクトが作られ、その中に座標軸が作られ、最終的に座標平面にデータがプロットされるのです

(図6-1参照)※1。

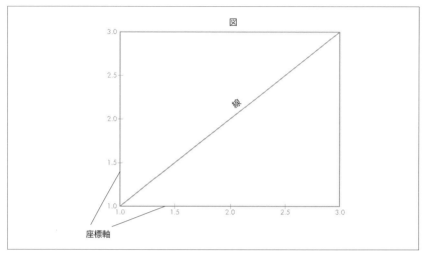

図6-1 matplotlibのplotのアーキテクチャ

次のプログラムは、このプロットを再度生成します。単にplot()関数を呼び出してデフォルトのままにするのではなく、Figureオブジェクトを明示的に呼び出し、座標軸を追加しています。

```
>>> import matplotlib.pyplot as plt
>>> x = [1, 2, 3]
>>> y = [1, 2, 3]
>>> fig = plt.figure()
>>> ax = plt.axes()
>>> plt.plot(x, y)
[<matplotlib.lines.Line2D object at 0x7f9bad1dcc18>]
>>> plt.show()
>>>
```

❶ fig = plt.figure()
❷ ax = plt.axes()

このプログラムでは、❶のfigure()関数でFigureオブジェクトを作り、❷の

※1 原注:さらに学習するには、The Architecture of Open Source Applications, Volume II: Structure, Scale, and a Few More Fearless Hacks (2008; Amy BrownとGreg Wilson編; http://www.aosabook.org/)のJohn HunterとMichael Droettboomによる11章matplotlibを読むこと (訳注:http://www.aosabook.org/en/matplotlib.htmlで読むことができる)。

axes()関数で座標軸を作ります。axes()関数は、座標軸をFigureオブジェクトに付け加えます。最後の2行は、その前のプログラムと同じです。今度は、plot()関数を呼び出したときに、Axesオブジェクトを持ったFigureオブジェクトがあるので、直ちに与えられたデータをプロットします。

FigureとAxesオブジェクトを直接作成する他に、pyplotモジュールの2つの異なる関数を使って現在のFigureとAxesオブジェクトを参照できます。gcf()関数を呼び出せば、現在のFigureへの参照が返り、gca()関数を呼び出せば、現在のAxesへの参照を返します。これらの関数は、オブジェクトがもし存在していなかったら、作成します。関数がどのように動作するかは、本章の後のほうでこれらの関数を使ったときに、より明確になります。

6.1.1 円を描く

円を描くには、次の例のようにCircleパッチを現在のAxesオブジェクトに追加します。

```
'''
Example of using matplotlib's Circle patch   matplotlibの円パッチの使用例
'''
import matplotlib.pyplot as plt

def create_circle():
❶    circle = plt.Circle((0, 0), radius = 0.5)
    return circle

def show_shape(patch):
❷    ax = plt.gca()
    ax.add_patch(patch)
    plt.axis('scaled')
    plt.show()

if __name__ == '__main__':
❸    c = create_circle()
    show_shape(c)
```

このプログラムでは、Circleパッチオブジェクトの作成とこのパッチを図に追加することとをcreate_circle()と show_shape()の2つの関数に分けました。create_circle()では、中心座標(0, 0)をタプルで、半径0.5はキーワード引数で渡し、

Circleオブジェクトを作ることによって円を作成しました（❶）。この関数は作成したCircleオブジェクトを返します。

show_shape()関数は、どのmatplotlibパッチでも動作するように書かれています。まず、gca()関数を使って現在のAxesオブジェクトへの参照を得ます（❷）。それから、渡されたパッチをadd_patch()関数を使って追加します。最後にshow()関数を呼び出して描画します。axis()関数を引数'scaled'で呼び出していますが、これはmatplotlibに、座標軸の両端を自動調整するよう伝えます。パッチを使う全プログラムで座標軸を自動的に合わせるには、この文が必要です。もちろん、2章で行ったように両端を指定することも可能です。

❸ではcreate_circle()関数を呼び出し、ラベルcを使って返されたCircleオブジェクトを指します。次に、cを引数としてshow_shape()関数を呼び出します。プログラムを実行すると、円を表示するmatplotlibウィンドウが出現します（図6-2参照）。

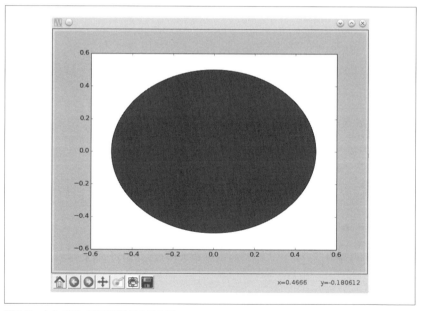

図6-2　中心が(0, 0)で半径が0.5の円

この図では円が歪んでいます。これは、x軸y軸の長さの比を設定する自動アスペクト比のためです。❷の後に、文ax.set_aspect('equal')を挿入すれば、真円に

なります。set_aspect()関数は、グラフのアスペクト比を設定するのに用い、引数'equal'は、x軸とy軸の長さの比を1:1にします。

パッチの辺の色と表面の色（塗り潰し色、face color、fill color）はキーワード引数ecとfcを使って変更できます。例えば、fc='g'かつec='r'は表面が緑で辺が赤の円を作ります。

matplotlibは、他にもEllipse, Polygon, Rectangleのような多数のパッチをサポートしています。

6.1.2　図形のアニメーションを作る

動く図形を作りたいことがあります。matplotlibのアニメーションサポートが役立ちます。この節の終わりでは、投射軌跡描画プログラムのアニメーション版を作ります。

まずは、さらに簡単な例に取り組みましょう。最初は小さくて、（matplotlibウィンドウを閉じるまで）半径を無限に大きくしていく円をmatplotlibで描きます。

```
'''
A growing circle    大きくなる円
'''

from matplotlib import pyplot as plt
from matplotlib import animation

def create_circle():
    circle = plt.Circle((0, 0), 0.05)
    return circle

def update_radius(i, circle):
    circle.radius = i*0.5
    return circle,

def create_animation():
❶   fig = plt.gcf()
    ax = plt.axes(xlim=(-10, 10), ylim=(-10, 10))
    ax.set_aspect('equal')
    circle = create_circle()
❷   ax.add_patch(circle)
❸   anim = animation.FuncAnimation(
        fig, update_radius, fargs = (circle,), frames=30, interval=50)
```

```
            plt.title('Simple Circle Animation')
            plt.show()

        if __name__ == '__main__':
            create_animation()
```

　まず、matplotlibパッケージからanimationモジュールをインポートします。create_animation()関数が中心的な機能を担います。❶でgcf()関数を使い現在のFigureオブジェクトを参照し、x軸とy軸の両端がともに−10と10になる座標軸を作ります。その後で、半径0.05中心$(0, 0)$の円を表すCircleオブジェクトを作ります。そして、この円を❷で現在の座標面に加えます。FuncAnimationオブジェクトは、次のアニメーション情報を渡して作ります（❸）。

引数	内容
fig	現在のFigureオブジェクト。
update_radius	全フレームの描画を行う関数。呼ばれたときに自動的に渡されるフレーム番号とフレームごとに更新するパッチオブジェクトの2つの引数をとる。この関数はオブジェクトを返す。
fargs	フレーム番号以外にupdate_radius()関数に渡す全引数からなるタプル。渡す引数がなければ、指定する必要はない。
frames	アニメーションのフレーム数。update_radius()関数はこの回数呼び出される。ここでの30フレームは適当に決めた。
interval	ミリ秒単位でのフレーム間の間隔。アニメーションが遅いようなら、この数値を減らす。速すぎるようなら増やす。

　title()関数で表題を設定し、最後に、show()関数を使って図形を表示します。

　既に述べたように、フレームごとに変化する円の特性を更新するのはupdate_radius()関数の責任です。iをフレーム番号として、半径をi*0.5に設定しました。結果として、30フレームに渡ってフレームごとに大きくなる円が見えます。最大の円の半径は15です。座標軸の範囲は−10から10なので、円が座標の範囲を超えてしまいます。プログラムを実行したときの最初のアニメーションは、図6-3のようになります。

6.1 matplotlibのパッチで幾何図形を描く | 165

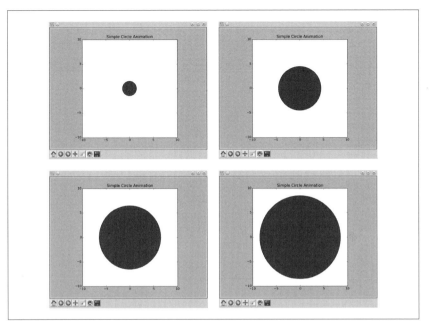

図6-3 簡単な円のアニメーション

　アニメーションがmatplotlibウィンドウを閉じるまで続くことに気付いたでしょう。これがデフォルトの振る舞いです。FuncAnimationオブジェクトを作るときに、キーワード引数をrepeat=Falseと設定すれば繰り返しを行いません。

FuncAnimationオブジェクトと永続性

　円のアニメーションプログラムで、他で二度と使わないにもかかわらず、作成したFuncAnimationオブジェクトをラベルanimに割り当てたことに気付いたでしょう。これは、FuncAnimationオブジェクトへの参照をどこにも格納せず、Pythonでのガーベジコレクションの対象にするmatplotlibの現在の振る舞いが原因です。ガーベジコレクションされれば、アニメーションはできません。オブジェクトを参照するラベルを作ると、これを防ぐことができます。

　この問題についてより詳しくはhttps://github.com/matplotlib/matplotlib/issues/1656/の説明を参照してください。

6.1.3　投射軌跡のアニメーション

2章でボールの投射運動の軌跡を描きました。今度はこの描画を、matplotlibのアニメーションサポートを使って軌跡をアニメーションして、実際にボールが動く様子と近い表示にします。

```
'''
Animate the trajectory of an object in projectile motion   ← 投射運動オブジェクト
'''                                                           の軌跡アニメーション

from matplotlib import pyplot as plt
from matplotlib import animation
import math

g = 9.8

def get_intervals(u, theta):

    t_flight = 2*u*math.sin(theta)/g
    intervals = []
    start = 0
    interval = 0.005
    while start < t_flight:
        intervals.append(start)
        start = start + interval
    return intervals

def update_position(i, circle, intervals, u, theta):

    t = intervals[i]
    x = u*math.cos(theta)*t
    y = u*math.sin(theta)*t - 0.5*g*t*t
    circle.center = x, y
    return circle,

def create_animation(u, theta):

    intervals = get_intervals(u, theta)

    xmin = 0
    xmax = u*math.cos(theta)*intervals[-1]
    ymin = 0
    t_max = u*math.sin(theta)/g
❶   ymax = u*math.sin(theta)*t_max - 0.5*g*t_max**2
```

```
            fig = plt.gcf()
❷           ax = plt.axes(xlim=(xmin, xmax), ylim=(ymin, ymax))

            circle = plt.Circle((xmin, ymin), 1.0)
            ax.add_patch(circle)
❸           anim = animation.FuncAnimation(fig, update_position,
                            fargs=(circle, intervals, u, theta),
                            frames=len(intervals), interval=1,
                            repeat=False)
            plt.title('Projectile Motion')
            plt.xlabel('X')
            plt.ylabel('Y')
            plt.show()

    if __name__ == '__main__':
        try:
            u = float(input('Enter the initial velocity (m/s): '))
            theta = float(input('Enter the angle of projection (degrees): '))
        except ValueError:
            print('You entered an invalid input')
        else:
            theta = math.radians(theta)
            create_animation(u, theta)
```

create_animation()関数は2引数uとthetaをとります。uは初速、thetaは投射角(θ)に対応し、ユーザ入力としてプログラムに指定します。get_intervals()関数は、x座標とy座標を計算する時間間隔を求めます。これは2章で用いたものと同じロジックを使って実装します。2章では、frange()というヘルパー関数を別に実装しました。

アニメーションする座標軸の範囲を決めるために、xとyの最大値最小値を求める必要があります。最小値はどちらも0で、それが初期値になります。x座標の最大値は、ボールが飛んだ最終地点の座標値で、それがリストintervalsの最後の時間間隔となります。y座標の最大値はボールが最高点に達したときです。すなわち❶で、次の式を用いて計算されます。

$$t = \frac{u \sin \theta}{g}$$

これらの値が得られれば、座標の範囲を渡して❷で座標面を作ります。それに続く2つの文で、ボールの表示を作り、Axesオブジェクトに追加します。ボールの中心は、x軸y軸の最小座標値(xmin, ymin)で、半径1.0の円として作られます。

そして、現在のFigureオブジェクトと次の引数を渡して、FuncAnimation objectを作ります（❸）。

update_position
 この関数はフレームごとに円の中心を変更します。新フレームが時間間隔ごとに作られるというアイデアなので、時間間隔のサイズをフレームの個数に設定します（framesの記述参照）。i番目の時間間隔にあたる時刻のボールのx, y座標を計算して、円の中心をこの値にします。

fargs
 update_position()関数は時間間隔のリスト、時間間隔、初速、θにアクセスする必要があります。これらはキーワード引数fargsで渡されます。

frames
 時間間隔ごとに1フレーム描画するので、フレームの個数をintervalsリストのサイズに設定します。

repeat
 最初のアニメーション例で触れたように、デフォルトでアニメーションは無限に繰り返します。この場合は繰り返したくないので、Falseにします。

プログラムを実行すると、入力を求めた後で、図6-4に示すようなアニメーションを作ります。

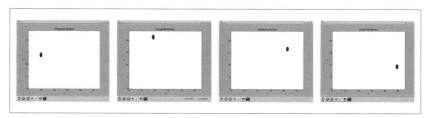

図6-4　投射軌跡のアニメーション

6.2　フラクタルを描く

フラクタルは、驚くほど単純な数式から生み出される複雑な幾何学模様であり幾何図形です。円や長方形のような普通の幾何図形と比べると、フラクタルは不規則で、

パターンや簡単な記述がないように思えますが、詳細に見るとパターンが浮かび上がり、全体の図形が自分自身の無数の複製からできていることがわかります。フラクタルには、平面上の点の同じ**幾何変換**が繰り返し含まれるので、フラクタルを作るにはコンピュータプログラムが適しています。本章では、バーンスレイのシダ、シェルピンスキーの三角形 (Sierpiński gasket)、マンデルブロ集合といったこの分野で研究されている著名な例をどのように書くか学びます（シェルピンスキーの三角形とマンデルブロ集合はプログラミングチャレンジで取り上げます）。フラクタルは、自然界にも溢れていて、有名なものに、海岸線、樹木、そして雪の結晶があります。

6.2.1 平面上の点の変換

フラクタルを作る基本的アイデアは、点の変換です。x-y平面の点$P(x, y)$に対する変換の例は、$P(x, y) \to Q\ (x + 1, y + 1)$で、これは変換により新たな点$Q$が$P$の1単位右上に現れます。そして、$Q$を始点にすると次の点$R$が$Q$の1単位右上に現れます。始点$P$を$(1, 1)$にすると、**図6-5**は点がどのように見えるかを示します。

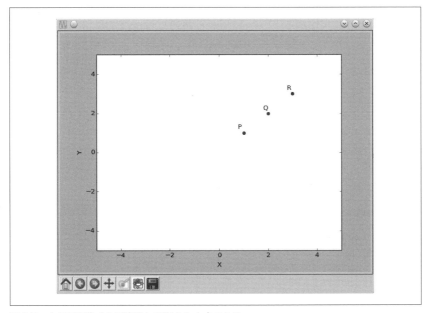

図6-5　点Pに変換を2回適用して得られた点QとR

この変換は、点が x-y 平面で、始点からイテレーションごとに、どのように動くのかという規則になります。変換を平面での点の**軌跡**と考えることもできます。次に、1つの変換規則ではなく、2つの規則を使い、どちらの変換を使うかを**ランダム**に選ぶようにします。次の規則を考えます。

規則1: $P1\ (x, y) \rightarrow P2\ (x + 1, y - 1)$

規則2: $P1\ (x, y) \rightarrow P2\ (x + 1, y + 1)$

$P1(1, 1)$ を始点とします。例えば4回のイテレーションで次のような点列が現れます。

$P1\ (1, 1) \rightarrow P2\ (2, 0)$ （規則1）

$P2\ (2, 0) \rightarrow P3\ (3, 1)$ （規則2）

$P3\ (3, 1) \rightarrow P4\ (4, 2)$ （規則2）

$P4\ (4, 2) \rightarrow P5\ (5, 1)$ （規則1）

変換規則は、どの規則も等確率でランダムに選ばれます。どれが選ばれても x 座標は増えるので、点は右方向に進みます。右に進むときに、上か下に行くのでジグザグ経路を作ります。次のプログラムは、指定された回数この変換を施した点の経路を描きます。

```
'''
Example of selecting a transformation from two equally probable
transformations
'''
import matplotlib.pyplot as plt
import random

def transformation_1(p):
    x = p[0]
    y = p[1]
    return x + 1, y - 1

def transformation_2(p):
    x = p[0]
    y = p[1]
    return x + 1, y + 1

def transform(p):
    # list of transformation functions
    transformations = [transformation_1, transformation_2]
```

2つの等確率変換を選ぶ例

変換関数のリスト

❶

6.2 フラクタルを描く

```
            # pick a random transformation function and call it   ランダム変換関数を選ぶ
❷           t = random.choice(transformations)
❸           x, y = t(p)
            return x, y

    def build_trajectory(p, n):
        x = [p[0]]
        y = [p[1]]
        for i in range(n):
            p = transform(p)
            x.append(p[0])
            y.append(p[1])
        return x, y

    if __name__ == '__main__':
        # initial point   始点
        p = (1, 1)
        n = int(input('Enter the number of iterations: '))
❹       x, y = build_trajectory(p, n)
        # plot   プロット
❺       plt.plot(x, y)
        plt.xlabel('X')
        plt.ylabel('Y')
        plt.show()
```

先ほどの 2 つの変換に対応する 2 つの関数 transformation_1() と transformation_2() を定義しました。transform() 関数の定義では、❶でこの2関数のリストを作り、❷で random.choice() 関数を使ってリストから1つ変換を選びます。変換を選んだら、点 P で呼び出し、変換した点の座標をラベル x, y に格納し❸、返します。

リストからランダムに要素を選ぶ

最初のフラクタルプログラムで使った random.choice() 関数は、リストからランダムに要素を選ぶのに使えます。各要素を等確率で返します。次の例のようになります。

```
>>> import random
>>> l = [1, 2, 3]
```

```
>>> random.choice(l)
3
>>> random.choice(l)
1
>>> random.choice(l)
1
>>> random.choice(l)
3
>>> random.choice(l)
3
>>> random.choice(l)
2
```

　この関数は、タプルや文字列にも使えます。文字列の場合は、その中の文字を返します。

　プログラムを実行すると、反復回数nの入力を求められます。nは変換が行われる回数です。次に、nと(1, 1)の始点Pでbuild_trajectory()関数が呼ばれます（❹）。build_trajectory()関数は、繰り返しn回transform()関数をxとyの2つのリストで呼び出し、変換した全点のx座標とy座標を格納します。最後に2つのリストを返し、プロットします（❺）。

　図6-6と図6-7は、反復が100回および10,000回の軌跡を示します。ジグザグ運動がどちらでも明らかです。このジグザグ経路は**線上の酔歩**（random walk on a line）と呼ばれます。

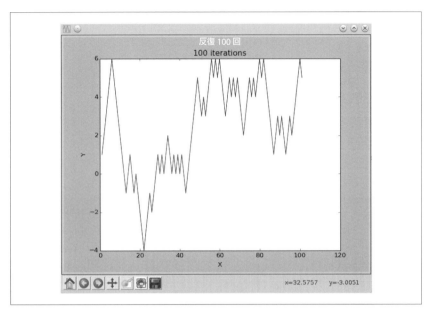

図6-6 2つの変換から100回ランダムに選んで繰り返したときの点(1, 1)からのジグザグ経路

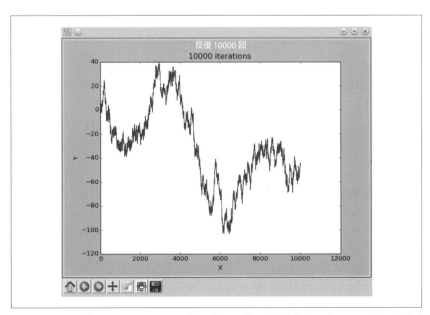

図6-7 2つの変換から10,000回ランダムに選んで繰り返したときの点(1, 1)からのジグザグ経路

この例は、始点からその点への変換を繰り返し行うという、フラクタルを作る基本的な考え方を示しています。次に、同じ考え方を使って**バーンスレイのシダ**を描く例を行いましょう。

6.2.2　バーンスレイのシダを描く

英国の数学者、マイケル・バーンスレイ（Michael Barnsley）は、単純な変換を繰り返し点に行うことによってシダのような構造をどう作れるかを示しました（**図**6-8参照）。

図6-8　セイヨウメシダ[※1]

バーンスレイは次のようなステップでシダのような構造を作ることを提案しました。点$(0, 0)$から始め、指定された**確率**で**ランダム**に変換を次の中から選びます。

変換1（確率0.85）：

$x_{n+1} = 0.85x_n + 0.04y_n$

$y_{n+1} = -0.04x_n + 0.85y_n + 1.6$

※1　原注：Sanjay achのReal lady fernsという作品 https://en.wikipedia.org/wiki/Barnsley_fern#/media/File:Sa-fern.jpg。Wikimedia Commonsの[GFDL (http://www.gnu.org/copyleft/fdl.html) またはCC-BY-SA-3.0 (http://creativecommons.org/licenses/by-sa/3.0/)]による。

変換2（確率0.07）:
$$x_{n+1} = 0.2x_n - 0.26y_n$$
$$y_{n+1} = 0.23x_n + 0.22y_n + 1.6$$

変換3（確率0.07）:
$$x_{n+1} = -0.15x_n + 0.28y_n$$
$$y_{n+1} = 0.26x_n + 0.24y_n + 0.44$$

変換4（確率0.01）:
$$x_{n+1} = 0$$
$$y_{n+1} = 0.16y_n$$

これらの変換はどれもシダの一部を作ります。変換1が最大確率で、つまり最大の回数選ばれて、シダの葉柄と下の葉を作ります。第2と第3の変換は、左と右の下の葉をそれぞれ作り、第4の変換はシダの葉柄を作ります。

これは、5章で学んだ非一様確率選択の例です。次のプログラムは指定された点の個数だけバーンスレイのシダを描きます。

```
'''
Draw Barnsley Fern    バーンスレイのシダを描く
'''
import random
import matplotlib.pyplot as plt

def transformation_1(p):
    x = p[0]
    y = p[1]
    x1 = 0.85*x + 0.04*y
    y1 = -0.04*x + 0.85*y + 1.6
    return x1, y1

def transformation_2(p):
    x = p[0]
    y = p[1]
    x1 = 0.2*x - 0.26*y
    y1 = 0.23*x + 0.22*y + 1.6
    return x1, y1

def transformation_3(p):
    x = p[0]
```

```
        y = p[1]
        x1 = -0.15*x + 0.28*y
        y1 = 0.26*x  + 0.24*y + 0.44
        return x1, y1

    def transformation_4(p):
        x = p[0]
        y = p[1]
        x1 = 0
        y1 = 0.16*y
        return x1, y1


    def get_index(probability):
        r = random.random()
        c_probability = 0
        sum_probability = []
        for p in probability:
            c_probability += p
            sum_probability.append(c_probability)
        for item, sp in enumerate(sum_probability):
            if r <= sp:
                return item
        return len(probability)-1


    def transform(p):
        # list of transformation functions   変換関数のリスト
        transformations = [transformation_1, transformation_2,
                           transformation_3, transformation_4]
❶       probability = [0.85, 0.07, 0.07, 0.01]
        # pick a random transformation function and call it   ランダム変換関数を選ぶ
        tindex = get_index(probability)
❷       t = transformations[tindex]
        x, y = t(p)
        return x, y


    def draw_fern(n):
        # We start with (0, 0)   (0, 0)から始める
        x = [0]
        y = [0]

        x1, y1 = 0, 0
        for i in range(n):
            x1, y1 = transform((x1, y1))
```

```
            x.append(x1)
            y.append(y1)
        return x, y

if __name__ == '__main__':
    n = int(input('Enter the number of points in the Fern: '))
    x, y = draw_fern(n)
    # Plot the points   点をプロット
    plt.plot(x, y, 'o')
    plt.title('Fern with {0} points'.format(n))
    plt.show()
```

このプログラムを実行すると、シダの点の個数を入力するよう求めて、それからシダを作ります。図6-9は1,000点の、図6-10は10,000点のシダを示します。

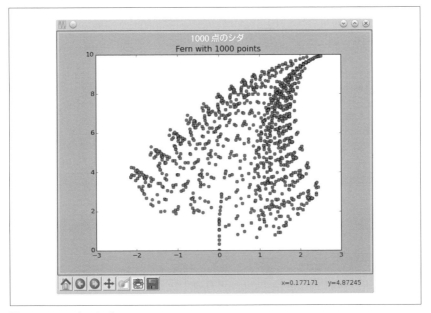

図6-9　1,000点のシダ

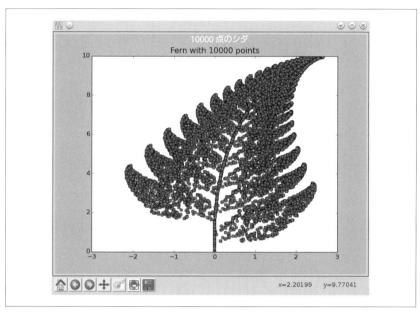

図6-10　10,000点のシダ

　4つの変換規則は、関数 transformation_1(), transformation_2(), transformation_3(), transformation_4() で定義されます。それぞれの確率は、❶でリストに宣言されています。そのうちの1つが❷で選ばれ、draw_fern() 関数から transform() 関数が呼ばれるたびに適用されます。

　始点 (0, 0) が変換される回数は、プログラムへの入力として指定されたシダの点の個数です。

6.3　学んだこと

　本章では、基本的な幾何図形をどのように描くか、それをどのようにアニメーション化するかを学びました。このプロセスでは、多数の新たな matplotlib 機能を学びました。幾何変換についてと、単純変換の反復により**フラクタル**（fractal）と呼ばれる複雑な幾何図形を描く方法も学びました。

6.4 プログラミングチャレンジ

本章で学んだことを応用できるプログラミングチャレンジです。解答例をhttps://www.nostarch.com/doingmathwithpython/に掲載しています。

問題6-1　正方形に円を詰める

「6.1.1　円を描く」でmatplotlibが他の幾何図形もサポートすると述べました。Polygonパッチは、さまざまな辺数の多角形の描画が可能なのでとりわけ興味深いものです。正方形（各辺が長さ4）をどのように描くかを次に示します。

```
'''
Draw a square    正方形を描く
'''

from matplotlib import pyplot as plt

def draw_square():
    ax = plt.axes(xlim = (0, 6), ylim = (0, 6))
    square = plt.Polygon([(1, 1), (5, 1), (5, 5), (1, 5)], closed=True)
    ax.add_patch(square)
    plt.show()

if __name__ == '__main__':
    draw_square()
```

Polygonオブジェクトは、頂点の座標のリストを第1引数に渡して作ります。正方形を描くので、4頂点(1, 1), (5, 1), (5, 5), (1, 5)を渡します。closed=Trueを渡すのは、matplotlibに開始頂点と終了頂点が同じ閉多角形を描きたいと伝えるためです。

この課題は、「正方形への円の詰め込み」問題の非常に簡単なものです。半径0.5の円が、このコードで作った正方形にいくつ入るでしょうか。実際に描いて数えてください。図6-11が最終的なイメージです。

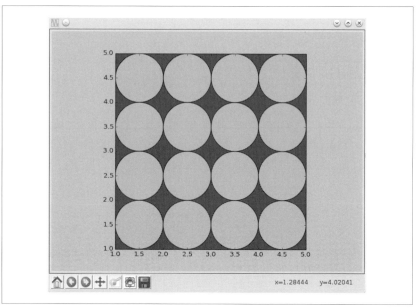

図6-11 正方形に詰め込んだ円

正方形の左下隅から、すなわち(1, 1)から始めることがコツです。次のスニペットは、どのように円を作って追加するかを示します。

```
y = 1.5
while y < 5:
    x = 1.5
    while x < 5:
        c = draw_circle(x, y)
        ax.add_patch(c)

        x += 1.0
    y += 1.0
```

これが最適、もしくは、唯一の正方形に円を詰める方法ではないことに気を付けます。この問題の別解は数学愛好家の間ではよく知られています。

問題6-2　シェルピンスキーの三角形

シェルピンスキーの三角形[※1]は、ポーランドの数学者ヴァツワフ・シェルピンスキー（Wacław Sierpiński）の名前から名付けられたフラクタルで、より小さな三角形が内部に埋め込まれた正三角形です。図6-12は、10,000点からなるシェルピンスキーの三角形です。

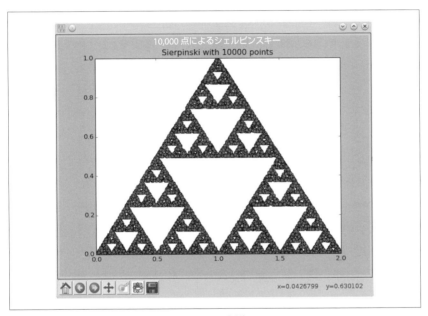

図6-12　10,000点によるシェルピンスキーの三角形

興味深いのは、変換規則と確率が変わるだけで、シダを書く際に使ったものと同じプロセスを使ってシェルピンスキーの三角形を描くことです。シェルピンスキーの三角形の描き方は次のようになります。原点 (0, 0) から開始して、次の規則のいずれかを適用します。

変換1:

$x_{n+1} = 0.5x_n$

$y_{n+1} = 0.5y_n$

[※1]　訳注：Sierpinski gasket ともいう。

変換2:
$$x_{n+1} = 0.5x_n + 0.5$$
$$y_{n+1} = 0.5y_n + 0.5$$

変換3:
$$x_{n+1} = 0.5x_n + 1$$
$$y_{n+1} = 0.5y_n$$

各変換は等確率1/3で選ばれます。ユーザ入力で指定した個数の点でシェルピンスキーの三角形を描くことが課題です。

問題6-3　エノンの関数を調べる

1976年にミシェル・エノン(Michel Hénon)が**エノン関数**を導入しました。点$P(x, y)$を次のように変換すると記述できます。

$$P(x, y) \to Q(y + 1 - 1.4x^2, 0.3x)$$

始点が(原点からあまり離れていない限り)どこにあろうと、点が増えるにしたがって、図6-13のような曲線になることがわかります。

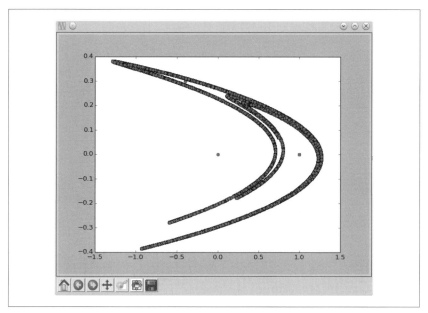

図6-13　10,000点のエノン関数

この課題は、点 $(1, 1)$ から始めて、この変換を 20,000 回行ったグラフを作るプログラムを書くことです。

点が曲線に沿って動くアニメーションを作ったら加点対象です。例として https://www.youtube.com/watch?v=76ll818RlpQ を参照してください。

これは（カオス的）力学系 (dynamical system) の一例で、すべての点が引きつけられるこの曲線は、**アトラクタ** (attractor) と呼ばれます。この関数、力学系、フラクタル一般についてさらに学びたければ、Kenneth Falconer の『Fractals: A Very Short Introduction』(Oxford University Press, 2013) がお勧めです。

問題6-4　マンデルブロ集合を描く

この課題は、**マンデルブロ集合**（Mandelbrot set、**図6-14**に示す単純な規則を適用して複雑に見える図形を作る別の例）を描くプログラムを書くことです。そのステップを説明する前に、matplotlib の `imshow()` 関数についてまず学びましょう。

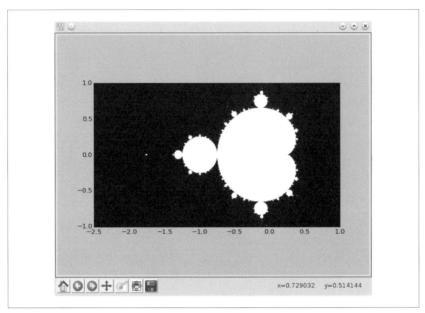

図6-14 (−2.5, −1.0)と(1.0, 1.0)の間の平面のマンデルブロ集合

imshow()関数

imshow()関数は、通常JPEGやPNG画像などの外部画像の表示に使われます。http://matplotlib.org/users/image_tutorial.htmlで例を確認できます。この関数を使ってmatplotlibで自分で作った画像を描いてみましょう。

xとyとがともに0から5の範囲のデカルト平面の一部を考えましょう。座標軸に沿って等距離にある6つの点$(0, 1, 2, 3, 4, 5)$をx軸とy軸にとりましょう。これらの点の直積をとると、平面上に均等に置かれた、座標が$(0, 0), (0, 1) \ldots (0, 5), (1, 0), (1, 1) \ldots (1, 5) \ldots (5, 5)$の36点が得られます。これらの点を灰色の濃淡によって、一部は黒、一部は白、他はその間の灰色にランダムに選んだ色をつけることにします。図6-15がこのシナリオを示します。

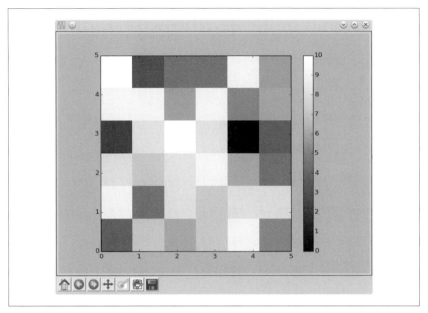

図6-15　x と y とがともに0から5の範囲の x-y 平面の一部。互いに等距離にある36点を考え、それぞれを灰色に塗る

　この図を作るには、6つのリストのリストを作らねばなりません。この6つの各々は、0から10までの6つの整数からなります。それぞれの数がその点の色に対応します。0が黒で10が白です。このリストを他に必要な引数とともに imshow() 関数に渡します。

リストのリストを作る

　リストはその要素にリストを持つことができます。

```
>>> l1 = [1, 2, 3]
>>> l2 = [4, 5, 6]
>>> l = [l1, l2]
```

　2つのリスト、l1 と l2 からなるリスト l を作りました。リストの第1要素 l[0] は、リスト l1 と同じで、第2要素 l[1] はリスト l2 です。

```
>>> l[0]
[1, 2, 3]
```

```
>>> l[1]
[4, 5, 6]
```

要素リストの中の個別要素を指すには2つの添字を使う必要があります。l[0][1]は、第1のリストの第2要素を指し、l[1][2]は第2のリストの第3要素を指します。

リストのリストをどう扱えるかわかったので、図6-15のような図を作るプログラムを書くことができます。

```
import matplotlib.pyplot as plt
import matplotlib.cm as cm
import random

❶ def initialize_image(x_p, y_p):
    image = []
    for i in range(y_p):
        x_colors = []
        for j in range(x_p):
            x_colors.append(0)
        image.append(x_colors)
    return image

def color_points():
    x_p = 20
    y_p = 20
    image = initialize_image(x_p, y_p)
    for i in range(y_p):
        for j in range(x_p):
❷           image[i][j] = random.randint(0, 10)
❸   plt.imshow(image, origin='lower', extent=(0, 5, 0, 5),
               cmap=cm.Greys_r, interpolation='nearest')
    plt.colorbar()
    plt.show()

if __name__ == '__main__':
    color_points()
```

❶のinitialize_image()関数は各要素が0で初期化されたリストのリストを作ります。この関数はx軸とy軸の点の個数に対応した2引数x_pとy_pをとります。これは初期化された画像リストが、それぞれがy_p個の0からなるx_p個のリストからなるということです。

color_points()関数では、initialize_image()関数から画像リストが戻ってきたら、0から10の範囲の乱数を❷で要素image[i][j]に割り当てます。ランダムな整数を各要素に割り当てるということは、原点からy軸に沿ってiステップ、x軸に沿ってjステップ進んだ地点の色を塗ったということなのです。imshow()関数はimageリストの位置から点の色を自動的に推論し、x-y座標の値については考慮しません。

次に❸でimageを第1引数としてimshow()関数を呼び出します。キーワード引数origin='lower'は、image[0][0]の数が点$(0, 0)$の色に対応することを指定します。キーワード引数extent=(0, 5, 0, 5)は、画像の左下隅と右上隅とをそれぞれ$(0, 0)$と$(5, 5)$に設定します。キーワード引数cmap=cm.Greys_rは、グレースケール画像を作るように指定します。

最後のキーワード引数interpolation='nearest'は、色が指定されていない点をそれに一番近いところの色と同じにするようmatplotlibに指定します。これはどういう意味でしょうか。領域$(0, 0)$から$(5, 5)$の36点だけを取り上げて色を設定したということに注意してください。この領域には無限個の点があるので、matplotlibに、色を指定していない点は一番近い点の色にするよう指示します。これが、図において点の周りに色の「箱」が見える理由です。

colorbar()関数を呼び出して、図にカラーバーを表示し、どの数がどの色に対応するかを示します。最後に、show()で画像を表示します。random.randint()関数を使っているので、図6-15とは画像の色が異なります。

x_pとy_pに例えば20をcolor_points()で設定して、座標軸での点の個数を増やすと、図6-16のような図形が得られます。色箱のサイズが小さくなったことに注意してください。点の個数をさらに増やせば、箱のサイズがさらに小さくなり、各点が異なる色を持つという印象を与えます。

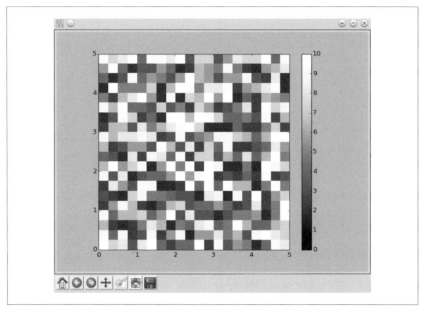

図6-16　xとyとがともに0から5の範囲のx-y平面の一部。互いに等距離にある400点を考え、それぞれを灰色に塗る

マンデルブロ集合を描く

$(-2.5, -1.0)$から$(1.0, 1.0)$のx-y平面の領域を考え、それぞれの座標軸を400個の等間隔の点に区切ります。点の直積を作って、この領域に160,000点を均等に置きます。これらの点を$(x_1, y_1), (x_1, y_2) \ldots (x_{400}, y_{400})$で指します。

x_pとy_pとをともに400に設定して、前にも使ったinitialize_image()関数を呼び出して、リストimageを作ります。生成された各点(x_i, y_k)について次のステップを実行します。

1. まず2つの複素数$z_1 = 0 + 0j$と$c = x_i + y_k j$を作る（jは$\sqrt{-1}$を示す）。
2. ラベルiterationを作成して0にセットする。すなわちiteration=0。
3. 複素数$z_1 = z_1^2 + c$を作る。
4. iterationに格納された値を1増やす。すなわち、iteration=iteration + 1。
5. abs(z1) < 2かつiteration < max_iterationなら、ステップ3に戻る。そうでなければステップ6に進む。max_iterationの値が大きいほど、より詳細な画像

が得られるが、画像生成にかかる時間が増える。ここでは、max_iterationを1,000にしている。

6. 点 (x_i, y_k) の色を iteration の値にする。すなわち、image[k][i] = iteration。

完全な image リストが得られたら、extent キーワード引数を $(-2.5, -1.0)$ から $(1.0, 1.0)$ の領域を示すように変更して imshow() 関数を呼び出します。

このアルゴリズムは、一般に「逃避時間 (escape-time) アルゴリズム」と呼ばれています。点の大きさが2を超える前に反復最大回数に達したら、その点はマンデルブロ集合に属し、白点で表します。より少ない反復で大きさが超えた点は「逃避」と呼ばれ、マンデルブロ集合には属さず黒点で表します。各座標軸について点の個数を増減して実験できます。点の個数を減らすと画像がぼやけます。増やすとより詳細な画像になります。

7章
初等解析問題を解く

この最終章では解析問題の解き方について学びます。まず、数学関数について学び、次にPythonの標準ライブラリとSymPyにある数学関数の概要を学びます。それから、関数の極限の計算や微積分の計算、すなわち、数理解析のクラスで行うことを学びます。さあ始めましょう。

7.1 関数とは何か

基本的な定義から始めましょう。関数とは入力集合から出力集合への**写像** (mapping) です。関数である特別な条件とは、入力集合の要素が出力集合のただ1つ (exactly one) の要素に関係することです。例えば、**図7-1**は、入力集合の要素の平方数が出力集合の要素となっている2集合を示します。

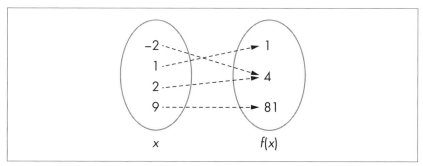

図7-1　入力集合と出力集合の写像を表す関数。出力集合の要素が入力集合の要素の平方数となっている。

よく使う記法では、この関数を $f(x) = x^2$ と書きます。ここで x は独立な変数です。$f(2) = 4$, $f(100) = 10000$ となります。その**定義域** (domain) 内で x の値を任意に考

えることができるので、xを独立変数と呼びます（次節参照）。

関数は複数の変数についても定義できます。例えば、$f(x, y) = x^2 + y^2$ は、2変数xとyの関数を定義します。

7.1.1 関数の定義域と値域

関数の**定義域**とは、独立変数が妥当に取れる入力値集合です。関数の出力集合は**値域**（range）と呼ばれます。

例えば、関数$f(x) = 1/x$の定義域は、$1/0$が定義されないので、0を除く実数および複素数です。値域は、定義域の数を$1/x$に代入して得られるので、この場合には0を除く実数および複素数になります。

関数の定義域と値域は異なっていて構わない。例えば、関数x^2において定義域はすべての実数だが、値域は0以上の実数となる。

7.1.2 よく使われる数学関数

Python標準ライブラリのmathモジュールで一般的な数学関数を使ってきました。sin()およびcos()関数は、三角関数のサインとコサインに対応します。他の三角関数tan()と逆三角関数asin(), acos(), atan()も定義されています。

mathモジュールには、自然対数関数log()、基底2の対数log2()、基底10の対数log10()、e^xを計算する指数関数exp()、eはネイピア数（約2.71828）も定義されています。

これらの関数はすべて、そのままでは数式の計算に向かないという欠点があります。記号を含む数式を扱うには、SymPyで定義された等価な関数を使う必要があります。

例を簡単に紹介しましょう。

```
>>> import math
>>> math.sin(math.pi/2)
1.0
```

標準ライブラリのmathモジュールで定義されたsin()関数を使って角度$\pi/2$のサ

インを求めました。同じことをSymPyを使って行います。

```
>>> import sympy
>>> sympy.sin(math.pi/2)
1.00000000000000
```

標準ライブラリのsin()関数とほぼ同じです。SymPyのsin()関数は角度はラジアンで指定されていることを前提としています。両関数とも1を返しました。

両関数に記号を渡すとどうなるでしょうか。

```
>>> from sympy import Symbol
>>> theta = Symbol('theta')
```
❶
```
>>> math.sin(theta) + math.sin(theta)
Traceback (most recent call last):
  File "<pyshell#53>", line 1, in <module>
    math.sin(theta) + math.sin(theta)
  File "/usr/lib/python3.4/site-packages/sympy/core/expr.py", line 225, in __float__
    raise TypeError("can't convert expression to float")
TypeError: can't convert expression to float
```
❷
```
>>> sympy.sin(theta) + sympy.sin(theta)
2*sin(theta)
```

標準ライブラリのsin()関数は❶でthetaを引数に指定して呼び出すと、処理できません。例外を上げてsin()関数の引数には数値を期待していることを示します。一方、SymPyでは❷で計算して、結果として2*sin(theta)を返します。読者のみなさんは何も驚かないでしょうが、これは標準ライブラリの数学関数では対応できないことを示します。

他の例を紹介しましょう。投射運動をする物体が初速度u、投射角thetaで投げられたときに最高点に達するまでの時間を導く式を求めたいとします（「2.4.2　投射運動」参照）。

```
>>> from sympy import sin, solve, Symbol
>>> u = Symbol('u')
>>> t = Symbol('t')
>>> g = Symbol('g')
>>> theta = Symbol('theta')
>>> solve(u*sin(theta)-g*t, t)
[u*sin(theta)/g]
```

tの式は、既に学んだ通り、u*sin(theta)/gとなり、数学関数を含んだ方程式を解

くのに、solve()関数をどう使えばよいか示しています。

7.2　SymPyでの仮定

　これまでのプログラムでは、x = Symbol('x')のように変数を定義するオブジェクトをSymPyで作りました。SymPyが実行した演算の結果として、SymPyで式$x+5$が0より大きいか調べる必要があると仮定しましょう。どうなるでしょうか。

```
>>> from sympy import Symbol
>>> x = Symbol('x')
>>> if (x+5) > 0:
        print('Do Something')   何か行う
    else:
        print('Do Something else')   何か別のことを行う

Traceback (most recent call last):
  File "<pyshell#45>", line 1, in <module>
    if (x+5) > 0:
  File "/usr/lib/python3.4/site-packages\sympy\core\relational.py", line 103, in __nonzero__
    raise TypeError("cannot determine truth value of\n%s" % self)
TypeError: cannot determine truth value of
x + 5 > 0
```

　SymPyはxの符号がわからないので、$x+5$が0より大きいか推論できず、エラーを表示します。しかし、数学の基礎を知っていれば、xが正なら$x+5$が常に正であり、xが負なら特定の場合だけ正になることがわかります。

　Symbolオブジェクトをpositive=Trueと指定して作ると、SymPyに正値だけ仮定するよう指定できます。こうすると、$x+5$が確実に0より大きいとわかります。

```
>>> x = Symbol('x', positive=True)
>>> if (x+5) > 0:
    print('Do Something')
else:
    print('Do Something else')

Do Something
```

　negative=Trueと指定すれば、最初の場合と同じになります。記号をpositiveやnegativeと宣言できるだけでなく、real, integer, complex, imaginaryと指定するこ

とも可能です。これらの宣言は、SymPyでは**仮定**（assumption）と呼ばれます。

7.3　関数の極限を求める

よくある解析の問題に、変数値がある値に近づくときの関数の**極限値**（limiting value、単に**極限**（limit）とも言う）の計算があります。関数$f(x) = 1/x$（グラフを図7-2に示す）を考えます。

xが大きくなると、$f(x)$の値は0に近づきます。lim記法で次のように表現します。

$$\lim_{x \to \infty} \frac{1}{x} = 0$$

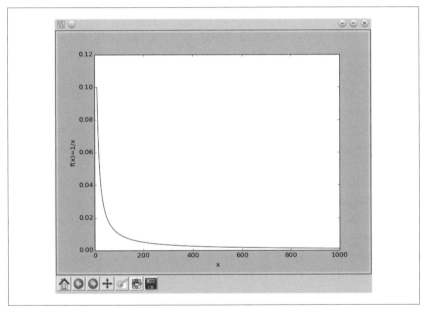

図7-2　xの値が増加するときの関数1/xのグラフ

SymPyでは、`Limit`クラスのオブジェクトを作ることによって、次のように関数の極限を求めることができます。

❶ `>>> from sympy import Limit, Symbol, S`
❷ `>>> x = Symbol('x')`
❸ `>>> Limit(1/x, x, S.Infinity)`
　　`Limit(1/x, x, oo, dir='-')`

❶でLimitとSymbolクラスの他に、（正負の）無限大やその他特別な値を定義するSをインポートします。❷でxを表すオブジェクトxを作ります。❸で、1/x、変数x、そして関数の極限を計算する値（S.Infinityで無限大を与える）という3引数を渡してLimitオブジェクトを作ります。

結果は、oo記号が正の無限大、変数が極限に負の方向から近づくことを意味する**未評価**（unevaluated）オブジェクトとして返します。

極限値を求めるには、doit() メソッドを使います。

```
>>> l = Limit(1/x, x, S.Infinity)
>>> l.doit()
0
```

デフォルトでは、極限を計算する値が正負の無限大でない限り、極限は正の方向から求められます。正の無限大の場合は、負方向からで、負の無限大は正方向からです。デフォルトの方向は次のように変更できます。

```
>>> Limit(1/x, x, 0, dir='-').doit()
-oo
```

ここで、

$$\lim_{x \to 0} \frac{1}{x}$$

を計算するのに、xの値の負の方向から0に近づいたので、極限値が負の無限大になりました。反対に、正の方向からなら正の無限大になります。

```
>>> Limit(1/x, x, 0, dir='+').doit()
oo
```

Limitクラスは、

$$\left(\frac{0}{0}, \frac{\inf}{\inf} \right)$$

という不定形の極限の関数も扱うことができます。

```
>>> from sympy import Symbol, sin
>>> Limit(sin(x)/x, x, 0).doit()
1
```

ロピタルの定理（l'Hôpital's rule）を使ってこのような極限を求めた経験があるか

もしれません。Pythonではこのように、Limitクラスが計算してくれます。

7.3.1 連続複利（Continuous Compound Interest）

銀行に1ドル預けるとしましょう。この預金は**元金**（principal）です。**利息**（interest）が付きますが100％の利息が1年にn回に分けて複利で支払われるとします。1年後の元利合計は次のようになります[※1]。

$$A = \left(1 + \frac{1}{n}\right)^n$$

高名な数学者のヤコブ・ベルヌーイ（James Bernoulli）は、nの値が増えるにつれて、この$(1 + 1/n)^n$がeの値に収束することを発見しました。関数の極限を求めることで検証できます。

```
>>> from sympy import Limit, Symbol, S
>>> n = Symbol('n')
>>> Limit((1+1/n)**n, n, S.Infinity).doit()
E
```

元金p、利率r、年数tに対して、複利による元利合計は次の式で得られます。

$$A = p\left(1 + \frac{r}{n}\right)^{nt}$$

連続複利を仮定するとAは次のようになります。

```
>>> from sympy import Symbol, Limit, S
>>> p = Symbol('p', positive=True)
>>> r = Symbol('r', positive=True)
>>> t = Symbol('t', positive=True)
>>> Limit(p*(1+r/n)**(n*t), n, S.Infinity).doit()
p*exp(r*t)
```

元金p、利率r、年数tを表す3つの記号オブジェクトを作りました。Symbolオブジェクトを作るときにpositive=Trueキーワード引数を渡してSymPyにこれらの記号が正と仮定することを伝えました。SymPyは記号がとる数値そのものについては何もわからないので、極限を正しく計算できない可能性があります。次に、複利

[※1] 訳注：数学的な解説がhttps://en.wikipedia.org/wiki/Compound_interest#Mathematics_of_interest_ratesにある。

の式を与えてLimitオブジェクトを作り、doit()メソッドで評価しました。極限は p*exp(r*t)となり、固定利率では複利が時間とともに指数関数的に増えることがわかります。

7.3.2 瞬間変化率

道路を走る車を考えます。一様に加速するので、走行距離Sは次の関数で与えられるとします。

$$S(t) = 5t^2 + 2t + 8$$

この関数で独立変数はtで、車が動き出してからの時間を表します。

$t_2 > t_1$として時刻t_2と時刻t_1の間に走行した距離を測ると、次の式で、車が1単位時間に走行する距離を計算できます。

$$\frac{S(t_2) - S(t_1)}{t_2 - t_1}$$

これは、関数$S(t)$の変数tに関する平均変化率と呼ばれます。言い換えると平均速度です。δ_tを時間単位でt_2からt_1の差として、t_2 を $t_1 + \delta_t$と書き表すと、平均速度の式は次のように書き直すことができます。

$$\frac{S(t_1 + \delta_t) - S(t_1)}{\delta_t}$$

この式もt_1を変数とする関数です。ここで、δ_tが非常に小さくて、0に近づくとすると、極限表記を使って次のように書くことができます。

$$\lim_{\delta_t \to 0} \frac{S(t_1 + \delta_t) - S(t_1)}{\delta_t}$$

この極限を計算しましょう。まず、式のオブジェクトを作ります。

```
>>> from sympy import Symbol, Limit
>>> t = Symbol('t')
```
❶ `>>> St = 5*t**2 + 2*t + 8`

```
>>> t1 = Symbol('t1')
>>> delta_t = Symbol('delta_t')
```

❷ `>>> St1 = St.subs({t: t1})`
❸ `>>> St1_delta = St.subs({t: t1 + delta_t})`

まず❶で関数$S(t)$を定義します。そしてt_1とδ_tに対応する記号t1とdelta_tを定義します。subs()メソッドを使って、tにt1とt1_delta_tを❷と❸で代入し$S(t_1)$と$S(t_1 + \delta_t)$を得ます。

極限を計算します。

```
>>> Limit((St1_delta-St1)/delta_t, delta_t, 0).doit()
10*t1 + 2
```

極限は10*t1 + 2で、時間t_1における$S(t)$の変化率、すなわち瞬間変化率です。普通は時刻t_1における車の瞬間速度と呼びます。

計算した極限は、関数の微分で、SymPyのDerivativeクラスで直接計算できます。

7.4　関数の微分を求める

関数$y = f(x)$の微分は従属変数yの独立変数xに関する変化率を表します。$f'(x)$またはdy/dxと表現します。関数の微分をDerivativeクラスのオブジェクトを作り求めることができます。車の動きを表す先ほどの関数を例に使います。

❶
```
>>> from sympy import Symbol, Derivative
>>> t = Symbol('t')
>>> St = 5*t**2 + 2*t + 8
```

❷
```
>>> Derivative(St, t)
Derivative(5*t**2 + 2*t + 8, t)
```

Derivativeクラスを❶でインポートします。❷でDerivativeクラスのオブジェクトを作ります。オブジェクト作成時に渡す2引数は、関数Stと変数tに対応する記号tです。Limitクラス同様、Derivativeクラスのオブジェクトが返され、微分はまだ計算しません。未評価Derivativeオブジェクトでdoit()メソッドを呼び出して微分を求めます。

```
>>> d = Derivative(St, t)
>>> d.doit()
10*t + 2
```

微分したら式は10*t + 2でした。tの特定の値、例えば、$t = t_1$または$t = 1$については、subs()メソッドを使えます。

```
>>> d.doit().subs({t:t1})
10*t1 + 2
>>> d.doit().subs({t:1})
12
```

変数xだけの複雑な関数$(x^3 + x^2 + x) \times (x^2 + x)$で試してみましょう。

```
>>> from sympy import Derivative, Symbol
>>> x = Symbol('x')
>>> f = (x**3 + x**2 + x)*(x**2+x)
>>> Derivative(f, x).doit()
(2*x + 1)*(x**3 + x**2 + x) + (x**2 + x)*(3*x**2 + 2*x + 1)
```

この関数は2つの独立な関数の積と考えられるので、手計算だと微分の積の公式を使う必要があります。この場合はDerivativeクラスのオブジェクトを作って計算させるので心配無用です[※1]。

三角関数を含むような他の複雑な式でも試してみてください。

7.4.1 微分電卓

関数を入力として、指定された変数について微分した結果を出力する微分電卓のプログラムを書きましょう。

```
'''
Derivative Calculator    微分電卓
'''

from sympy import Symbol, Derivative, sympify, pprint
from sympy.core.sympify import SympifyError

def derivative(f, var):
    var = Symbol(var)
    d = Derivative(f, var).doit()
    pprint(d)

if __name__=='__main__':

❶   f = input('Enter a function: ')
    var = input('Enter the variable to differentiate with respect to: ')
```

※1　訳注：simplifyを使えば、x*(5*x**3 + 8*x**2 + 6*x + 2)に整理できる。

```
        try:
❷           f = sympify(f)
        except SympifyError:
            print('Invalid input')
        else:
❸           derivative(f, var)
```

　ユーザに微分する関数を入力するよう❶で求めます。次に微分する変数の入力を求めます。❷でsympify()関数を使って入力した関数をSymPyオブジェクトに変換します。この関数はtry...exceptブロックで呼び出し、不当な入力の場合にはエラーメッセージを表示します。入力が妥当な式なら、❸で変換した式と微分する変数とを引数に渡してderivative関数を呼び出します。

　derivative()関数では、まず、関数を微分する変数に対応したSymbolオブジェクトを作ります。ラベルvarを使ってこの変数を指します。次に、微分する関数と記号オブジェクトvarを渡してDerivativeオブジェクトを作ります。直後にdoit()メソッドを呼び出して、微分を計算し、pprint()関数を使って結果を数学の式に近いフォーマットで出力します。実行例を示します[※1]。

```
Enter a function: 2*x**2 + 3*x + 1
Enter the variable to differentiate with respect to: x
4·x + 3
```

2変数関数の実行例は次のようになります。

```
Enter a function: 2*x**2 + y**2
Enter the variable to differentiate with respect to: x
4·x
```

7.4.2　偏微分を求める

　直前のプログラムでは、Derivativeクラスを使って多変数関数の微分を一変数について計算できることがわかりました。この計算は通常、**偏微分**（partial differentiation）と呼ばれ、偏は他の変数は固定で1変数だけが変化することを示します。

※1　訳注：4章（104ページ）でも触れたが、Windows環境では、pprintにuse_unicode=Trueがないと、4*x + 3となる。

関数 $f(x, y) = 2xy + xy^2$ を考えましょう。xに関する$f(x, y)$の偏微分は次のようになります。

$$\frac{\partial f}{\partial x} = 2y + y^2$$

先ほどのプログラムで偏微分を求めることができました。あとは正しい変数を指定すればよいのです。

```
Enter a function: 2*x*y + x*y**2
Enter the variable to differentiate with respect to: x
 2
y  + 2*y
```

本章での重要な仮定は、計算するすべての関数がその定義域において微分可能だということである。

7.5 高階微分と極大極小の計算

デフォルトでは、Derivativeクラスを使った微分オブジェクトは、1階微分を計算します。高階微分を行うには、Derivativeオブジェクトを作るときに階数を第3引数として渡します。本節では、関数の1階および2階微分を使ってある区間の極大極小を求める方法を示します。

定義域$[-5, 5]$の関数$x^5 - 30x^3 + 50x$を考えます。角括弧で閉区間を示しています。つまり、xが-5以上5以下の値をとることに注意してください(**図7-3**参照)。

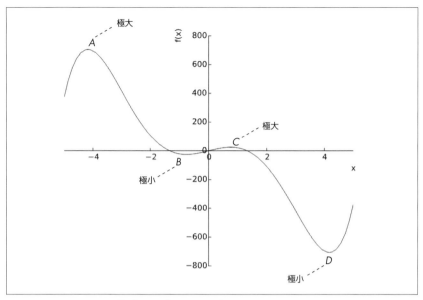

図7-3 $-5 \leq x \leq 5$ の関数 $x^5 - 30x^3 + 50x$ のプロット

グラフから、関数が区間 $-2 \leq x \leq 0$ の点 B で極小値をとることがわかります。同様に、区間 $0 \leq x \leq 2$ の点 C で極大値をとります。一方、ここで考える x の全定義域では、点 A と D とで最大値と最小値をとります。全定義域 $[-5, 5]$ において、点 B は極小値（局所最小値、local minimum）、点 C と極大値（局所最大値、local maximum）をとり、点 A は（全体）最大値（global maximum）、点 D は（全体）最小値（global minimum）をとると言います。

いわゆる**極値**（extremum、複数形はextrema）という用語は、これらすべてを指すのに使います。x が関数 $f(x)$ の極値なら、x での1階微分（$f'(x)$ と書く）は0です。この性質から、極値を探す方法として、方程式 $f'(x) = 0$ を解くことが考えられます。この解は、関数の**臨界点**（critical points）とも呼ばれます。

```
>>> from sympy import Symbol, solve, Derivative
>>> x = Symbol('x')
>>> f = x**5 - 30*x**3 + 50*x
>>> d1 = Derivative(f, x).doit()
```

1階微分 $f'(x)$ を計算したので、$f'(x) = 0$ を解いて臨界点を求めます。

```
>>> critical_points = solve(d1)
>>> critical_points
[-sqrt(-sqrt(71) + 9), sqrt(-sqrt(71) + 9), -sqrt(sqrt(71) + 9), sqrt(sqrt(71) + 9)]
```

リスト critical_points の各数値は、点 B, C, A, D にそれぞれ対応します。4点を指すラベルを作り、後でプログラムで使えるようにします。

```
>>> A = critical_points[2]
>>> B = critical_points[0]
>>> C = critical_points[1]
>>> D = critical_points[3]
```

この関数の臨界点はすべて与えられた区間にあるので、$f(x)$ の最大最小の探索に関係します。いわゆる**2階微分**を用いて、どの臨界点が最大値、最小値か候補を絞れます。

まず、2階微分を計算します。そのためには、第3引数に2を指定します。

```
>>> d2 = Derivative(f, x, 2).doit()
```

次に、x に各臨界点を代入することによって2階微分の値を求めます。結果の値が負なら、極大点です。値が正なら、極小点です。結果の値が0なら未決です。臨界点 x が極大か極小かどちらでもないか、何も推論できないかです。

```
>>> d2.subs({x:B}).evalf()
127.661060789073
>>> d2.subs({x:C}).evalf()
-127.661060789073
>>> d2.subs({x:A}).evalf()
-703.493179468151
>>> d2.subs({x:D}).evalf()
703.493179468151
```

臨界点で2階微分をして、点 A と C は極大点、B と D は極小点だとわかります。

区間 $[-5, 5]$ の最大最小点は、x の臨界点か領域の端点 ($x=-5$ かつ $x=5$) です。全臨界点 A, B, C, D はわかっています。A と C は極大点なので最小点にはなりません。同じロジックで、B と D は最大値をとりません。

したがって、最大値を求めるには $A, C, -5, 5$ で $f(x)$ の値を計算しなければなりません。この点の中で最大の値が最大値です。

2ラベル x_min と x_max を作って定義域の境界を指して、点 A, C, x_min, x_max で

の関数値を評価します。

```
>>> x_min = -5
>>> x_max = 5
>>> f.subs({x:A}).evalf()
705.959460380365
>>> f.subs({x:C}).evalf()
25.0846626340294
>>> f.subs({x:x_min}).evalf()
375.000000000000
>>> f.subs({x:x_max}).evalf()
-375.000000000000
```

この計算と、全臨界点および定義域の境界値での関数値を調べることによって、点Aで最大値をとることがわかります。

同様に、最小値を決定するには、$f(x)$の値を$B, D, -5, 5$で計算しなければなりません。

```
>>> f.subs({x:B}).evalf()
-25.0846626340294
>>> f.subs({x:D}).evalf()
-705.959460380365
>>> f.subs({x:x_min}).evalf()
375.000000000000
>>> f.subs({x:x_max}).evalf()
-375.000000000000
```

$f(x)$の最小値は点Dだとわかります。

これは2階微分で候補を絞った後に、全臨界点と境界値での関数の値を検討し、関数の極値を探しています。この手法は関数が2階微分可能である限りうまくいきます。つまり、1階微分と2階微分が全定義域で存在しなければなりません。

e^xのような関数では、領域内に臨界点がありません。しかし、この方法は、極値が境界にあるので、うまくいきます。

7.6 勾配上昇法を用いて最大値を求める

関数のすべての極小極大値ではなく、最大値を求めることにだけ興味があることもあるでしょう。例えば、ボールを一番遠くまで投げられる投射角度を求めたいとします。この問題を解くより現実的な方法を学びます。この方式は1階微分だけを使うの

で、1階微分が計算できる関数に使うことができます。

この手法は**勾配上昇法**（gradient ascent method）と呼ばれます。反復的に最大値を求めます。勾配上昇法は大量の計算が必要なので、手計算よりはプログラムで解くのに最適です。投射角を見つける問題例を試してみましょう。2章で、速度u、角度θで投げられた投射運動する物体の飛行時間を計算する式

$$t_{飛行} = 2\frac{u\sin\theta}{g}$$

を導きました。投射物の**到達距離**（range）Rは、投射物が飛んだ水平距離なので、$u_x \times t_{飛行}$で求められます。ここで、u_xは初速のx成分で$u\cos\theta$に等しい値です。この式にu_xと$t_{飛行}$を代入することによって次式が得られます。

$$R = u\cos\theta \times \frac{2u\sin\theta}{g} = \frac{u^2\sin 2\theta}{g}$$

図7-4のプロットは、0から90度までのθの値とそれに対応する到達距離（飛行距離）とを示します。このグラフから、最大到達距離が投射角が45度のあたりで得られることがわかります。勾配上昇法を用いてθの値を数値的に求める方法を学びます。

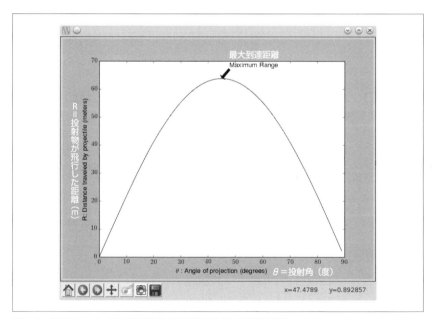

図7-4　初速25 m/sで角度を変えて投げた投射物の到達距離

勾配上昇法は反復法です。θの初期値、例えば0.001、すなわち$\theta_{旧}=0.001$から始め、徐々に最大到達距離のθの値に近づきます（図7-5）。近づくステップは、次の方程式で与えられます。

$$\theta_{新} = \theta_{旧} + \lambda \frac{dR}{d\theta}$$

ここで λ はステップサイズ、

$$\frac{dR}{d\theta}$$

はθに関するRの微分です。$\theta_{旧}=0.001$と指定した後、次を行います。

1. 先ほどの式を使って$\theta_{新}$を計算する。
2. 絶対的な差$\theta_{新}-\theta_{旧}$が値 ε より大きいなら、$\theta_{旧}=\theta_{新}$として、ステップ1に戻る。そうでなければステップ3に進む。
3. $\theta_{新}$が、Rが最大値をとるときのθの近似値となる。

イプシロン（ε）の値がアルゴリズムの反復の停止を決定します。「7.6.3　ステップサイズとイプシロンの役割」で説明します。

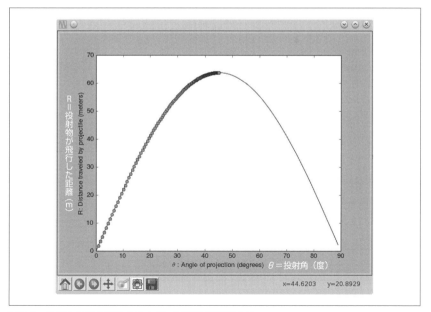

図7-5　勾配上昇法は関数の最大値へ反復的に到達する

次のgrad_ascent()関数は勾配上昇アルゴリズムを実装しています。仮引数x0は、反復を開始する変数の初期値、f1xは最大値を見つけたい関数の微分、xは関数の変数に対応するSymbolオブジェクトです。

```
'''
Use gradient ascent to find the angle at which the projectile    勾配上昇法を
has maximum range for a fixed velocity, 25 m/s                   使い固定速度
                                              25 m/sで最大到達距離の角度を求める
'''
import math
from sympy import Derivative, Symbol, sin

def grad_ascent(x0, f1x, x):
    epsilon = 1e-6
    step_size = 1e-4
    x_old = x0
    x_new = x_old + step_size*f1x.subs({x:x_old}).evalf()
    while abs(x_old - x_new) > epsilon:
        x_old = x_new
        x_new = x_old + step_size*f1x.subs({x:x_old}).evalf()
    return x_new

def find_max_theta(R, theta):
    # Calculate the first derivative    1階微分の計算
    R1theta = Derivative(R, theta).doit()
    theta0 = 1e-3
    theta_max = grad_ascent(theta0, R1theta, theta)
    return theta_max

if __name__ == '__main__':
    g = 9.8
    # Assume initial velocity    初速仮定
    u = 25
    # Expression for range    到達距離の式
    theta = Symbol('theta')
    R = u**2*sin(2*theta)/g

    theta_max = find_max_theta(R, theta)
    print('Theta: {0}'.format(math.degrees(theta_max)))
    print('Maximum Range: {0}'.format(R.subs({theta:theta_max})))
```

❶でイプシロンの値を1e-6、❷でステップサイズを1e-4と設定しました。イプシ

ロン値は常に0に非常に近い正の値で、ステップサイズは変数がアルゴリズムの反復のたびにわずかずつ増やされるように選びます。イプシロンとステップサイズの値の選択については、「7.6.3　ステップサイズとイプシロンの役割」で詳しく説明します。

❸でx_oldをx0にセットして、x_newを❹で初めて計算しました。subs()メソッドを使ってx_oldの値を変数に代入し、evalf()を使って数値を計算します。絶対差abs(x_old - x_new)がepsilonより大きければ、❺のwhileループが続き、勾配上昇アルゴリズムのステップ1と2でx_oldとx_newを更新し続けます。ループを抜け出したら、すなわち、abs(x_old - x_new) =< epsilonなら関数の最大値に対応する変数値x_newを返します。

find_max_theta()関数の定義を❻で行います。この関数ではRの1階微分を計算し、ラベルtheta0を作り、それに1e-3を割り当て、この2つと記号オブジェクトthetaとでgrad_ascent()関数を呼び出します。最大関数値(theta_max)に対応するθの値が得られたら、それを❼で返します。

最後に、初速$u = 25$と角θに対応するSymbolオブジェクトthetaを設定し、水平到達距離を表す式を❽で作ります。そして、このRとthetaで、find_max_theta()関数を❾で呼び出します。

このプログラムを実行すると次のように出力されます。

```
Theta: 44.997815081691805
Maximum Range: 63.7755100185965
```

θの値は度で表示され、期待通り45度に近いものです。初速を他の値に変えても、最大到達距離となる投射角度は常に45度に近くなります。

7.6.1　勾配上昇法のジェネリックなプログラム

このプログラムを修正して、勾配上昇一般に使えるジェネリックなプログラムを作ることができます。

```
'''
Use gradient ascent to find the maximum value of a single variable function
1変数関数の最大値を探すため勾配上昇法を使う
'''

from sympy import Derivative, Symbol, sympify
from sympy.core.sympify import SympifyError
```

```
    def grad_ascent(x0, f1x, x):
        epsilon =  1e-6
        step_size = 1e-4
        x_old = x0
        x_new = x_old + step_size*f1x.subs({x:x_old}).evalf()
        while abs(x_old - x_new) > epsilon:
            x_old = x_new
            x_new = x_old + step_size*f1x.subs({x:x_old}).evalf()

        return x_new

    if __name__ == '__main__':
        f = input('Enter a function in one variable: ')
        var = input('Enter the variable to differentiate with respect to: ')
        var0 = float(input('Enter the initial value of the variable: '))
        try:
            f = sympify(f)
        except SympifyError:
            print('Invalid function entered')
        else:
❶           var = Symbol(var)
❷           d = Derivative(f, var).doit()
❸           var_max = grad_ascent(var0, d, var)
            print('{0}: {1}'.format(var.name, var_max))
            print('Maximum value: {0}'.format(f.subs({var:var_max})))
```

　関数grad_ascent()は前と同じです。このプログラムは、ユーザが関数、対象とする変数、変数の勾配上昇法を開始する初期値を入力します。SymPyがユーザ入力を認識できたと確認した後で、変数に対応したSymbolオブジェクトを❶で作り、その変数に関する1階微分を❷で求め、これら3引数でgrad_ascent()関数を呼び出します。最大値を❸で返します。

　実行例は次のようになります。

```
Enter a function in one variable: 25*25*sin(2*theta)/9.8
Enter the variable to differentiate with respect to: theta
Enter the initial value of the variable: 0.001
theta: 0.785360029379083
Maximum value: 63.7755100185965
```

　関数入力は先ほどの勾配上昇法の実装と同じで、θの値がラジアンで出力されてい

ます。

$\cos(y)$ の最大値を求める別のプログラムを実行すると、次のようになります。

```
Enter a function in one variable: cos(y)
Enter the variable to differentiate with respect to: y
Enter the initial value of the variable: 0.01
y: 0.00999900001666658
Maximum value: 0.999950010415832
```

プログラムは、k を定数とした cos(y) + k のような関数でも正しく動作します。

```
Enter a function in one variable: cos(y) + k
Enter the variable to differentiate with respect to: y
Enter the initial value of the variable: 0.01
y: 0.00999900001666658
Maximum value: k + 0.999950010415832
```

しかし、この関数は cos(ky) のような関数では、1階微分 kcos(ky) が定数 k を含んだままで、SymPy にはその値が何もわからないのでうまく動作しません。したがって、SymPy は勾配上昇アルゴリズムのキーステップ、abs(x_old - x_new) > epsilon を正しく実行できないのです。

7.6.2 初期値について一言

勾配上昇法の反復を開始する変数の初期値は、このアルゴリズムで重要な役割を担います。**図7-3**の例で用いた関数 $x^5 - 30x^3 + 50x$ を考えましょう。ジェネリックな勾配上昇プログラムを用いて最大値を求めます。

```
Enter a function in one variable: x**5 - 30*x**3 + 50*x
Enter the variable to differentiate with respect to: x
Enter the initial value of the variable: -2
x: -4.17445116397103
Maximum value: 705.959460322318
```

勾配上昇アルゴリズムは、一番近い頂点を見つけたら停止します。それは必ずしも全体の最大値とは限りません。この例では、初期値 −2 から始めて考えられる定義域での最大値（約 706）に対応する頂点で止まりました。別の初期値で試してみましょう。

```
Enter a function in one variable: x**5 - 30*x**3 + 50*x
Enter the variable to differentiate with respect to: x
Enter the initial value of the variable: 0.5
x: 0.757452532565767
Maximum value: 25.0846622605419
```

　この場合は、勾配上昇アルゴリズムの止まった頂点が真の最大値ではありませんでした。図7-6に両方の場合の勾配上昇アルゴリズムの結果を示します。

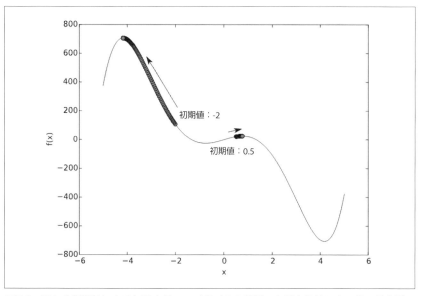

図7-6　異なる初期値による勾配上昇アルゴリズムの結果。勾配上昇法により常に最も近い頂点がわかる。

　したがって、この手法を用いる場合、初期値を注意して選ぶ必要があります。このアルゴリズムの修正版では、この限界を超える工夫をしています。

7.6.3　ステップサイズとイプシロンの役割

　勾配上昇アルゴリズムでは、反復する変数の次の値は次式で計算します。

$$\theta_{新} = \theta_{旧} + \lambda \frac{dR}{d\theta}$$

　ここで λ が**ステップサイズ**です。ステップサイズは次のステップへの距離を決定

します。頂点を行き過ぎないように小さくないといけません。すなわち、xの現在の値が関数の最大値を与える値に近い場合、次のステップで頂点を飛び越してしまってはいけません。アルゴリズムは失敗します。一方、非常に小さい値だと計算時間が長くなってしまいます。10^{-3}という固定値を使ってきましたが、すべての関数にこれが最も適切だとは限りません。

アルゴリズムの反復停止を決定するイプシロン（ε）は、xの値が変化しなくなったと納得できるだけ十分に小さくなければなりません。最大値で1階微分$f'(x)$が0、理想的には絶対差が0（「7.6 勾配上昇を用いて最大値を求める」のステップ2参照）であると期待しています。数値誤差のために、差が正確に0ということはありません。したがって、イプシロンは0に近い値が選ばれ、実際上は、xの値が変化していないと教えてくれるのです。この関数では、イプシロン値に10^{-6}を使ってきました。この値は、sin(x)のような$f'(x) = 0$の解がある関数については十分小さくて適していますが、他の関数についても同じとは限りません。したがって、最後に最大値が正しいことを検証するべきですし、必要なら、epsilonを適正な値に修正することが大事です。

勾配上昇アルゴリズムのステップ2は、アルゴリズムが停止するためには、方程式$f'(x) = 0$が解を持たねばならないことを意味しますが、e^xや$\log(x)$という関数の場合には成り立ちません。先ほどのプログラムにこのような関数を入力すると、プログラムは答えを返さず、実行を続けます。$f'(x) = 0$が解を持つかどうかチェックすることで、勾配上昇プログラムをこのような場合にもっと役立つように改良できます。修正したプログラムを次に示します。

```
'''
Use gradient ascent to find the maximum value of a single-variable function.
This also checks for the existence of a solution for the equation f'(x)=0.
```
1変数関数の最大値を探すため勾配上昇法を使う。
式f'(x)=0の解が存在するかどうかも調べる。
```
'''

from sympy import Derivative, Symbol, sympify, solve
from sympy.core.sympify import SympifyError
def grad_ascent(x0, f1x, x):
    # check if f1x=0 has a solution    f1x=0が解を持つか調べる
❶   if not solve(f1x):
        print('Cannot continue, solution for {0}=0 does not exist'.format(f1x))
```

```
            return
    epsilon = 1e-6
    step_size = 1e-4
    x_old = x0
    x_new = x_old + step_size*f1x.subs({x:x_old}).evalf()
    while abs(x_old - x_new) > epsilon:
        x_old = x_new
        x_new = x_old + step_size*f1x.subs({x:x_old}).evalf()

    return x_new

if __name__ == '__main__':
    f = input('Enter a function in one variable: ')
    var = input('Enter the variable to differentiate with respect to: ')
    var0 = float(input('Enter the initial value of the variable: '))
    try:
        f = sympify(f)
    except SympifyError:
        print('Invalid function entered')
    else:
        var = Symbol(var)
        d = Derivative(f, var).doit()
        var_max = grad_ascent(var0, d, var)
❷      if var_max:
            print('{0}: {1}'.format(var.name, var_max))
            print('Maximum value: {0}'.format(f.subs({var:var_max})))
```

この修正では、grad_ascent()関数は❶でSymPyのsolve()関数を呼んで、式$f'(x) = 0$（ここではf1xが解を持つかどうか）を決定します。解がなければエラーメッセージを出して戻ります。さらに__main__ブロックの❷にも修正を加えています。grad_ascent()関数が成功裡に結果を返すかどうかチェックします。返す場合、関数の最大値と対応する変数の値を出力します。

これらの変更で、$\log(x)$やe^xのような関数をプログラムで扱えるようになります。

```
Enter a function in one variable: log(x)
Enter the variable to differentiate with respect to: x
Enter the initial value of the variable: 0.1
Cannot continue, solution for 1/x=0 does not exist
```

e^xについても同じ結果が得られます。

> **勾配降下アルゴリズム**
>
> 勾配上昇アルゴリズムの逆のアルゴリズムが勾配降下アルゴリズムで、関数の最小値を求めます。勾配上昇アルゴリズムと同じものですが、関数に沿って「上がる」のではなく「下がる」ものです。**問題7-2**は、この2つのアルゴリズムの相違を論じ、実装してみることができます。

7.7　関数の積分を求める

関数$f(x)$の**不定積分**(indefinite integral)または**逆微分**(antiderivative)は、$F'(x) = f(x)$となる関数$F(x)$です。つまり、関数の積分は、微分するとその関数になる関数のことです。数学では、$F(x) = \int f(x)dx$と書きます。一方、**定積分**(definite integral)とは積分

$$\int_a^b f(x)dx$$

のことで、$F(b) - F(a)$となります。ここで、$F(b)$と$F(a)$は、$x = b$と$x = a$のときの不定積分の値です。Integralオブジェクトを作ることで、両方の積分を扱えます。kを定数項として、積分$\int kxdx$を求めるには次のようにします。

```
>>> from sympy import Integral, Symbol
>>> x = Symbol('x')
>>> k = Symbol('k')
>>> Integral(k*x, x)
Integral(k*x, x)
```

IntegralとSymbolをインポートして、kとxに対応する2つのSymbolオブジェクトを作ります。関数kxと積分する変数xでIntegralオブジェクトを作りました。LimitやDerivativeクラスと同様に、doit()メソッドを使って積分を評価できます。

```
>>> Integral(k*x, x).doit()
k*x**2/2
```

積分は$kx^2/2$となりました。$kx^2/2$の微分を計算すると、元の関数kxが得られます。

定積分を求めるには、変数とその上限、下限とをタプルにして、Integralオブジェクトを作るときに渡します。

```
>>> Integral(k*x, (x, 0, 2)).doit()
2*k
```

この結果は次の定積分です。

$$\int_0^2 kxdx$$

幾何的に定積分を可視化して論じることも役立ちます。$x = 0$から$x = 5$の範囲の関数$f(x) = x$のグラフを表す**図7-7**を考えましょう。

グラフの領域ABDEを考えましょう。この領域はx軸、$x = 2$と$x = 4$、すなわち点AとBの垂線で囲まれています。この領域の面積は、正方形ABCEと三角形ECDを合わせたもので、$2 \times 2 + (1/2) \times 2 \times 2 = 6$と計算します。

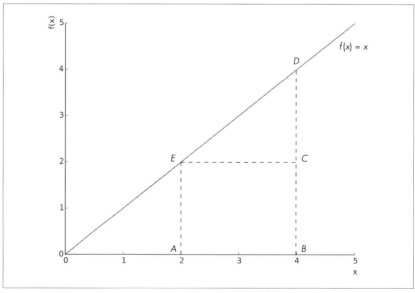

図7-7　2点の間の定積分は関数のグラフがx軸で囲まれた領域の面積

積分$\int_2^4 xdx$を計算しましょう。

```
>>> from sympy import Integral, Symbol
>>> x = Symbol('x')
>>> Integral(x, (x, 2, 4)).doit()
6
```

積分の値は領域ABDEの面積と同じになりました。これは偶然の一致ではありません。積分が可能な x のどの関数についても真であることがわかります。

定積分が x 軸上の指定された点の間で関数により囲まれた領域の面積であることを理解することが、連続確率変数を含むランダムな事象の確率計算を理解するための鍵になります。

7.8 確率密度関数

生徒のクラスと数学の試験の成績を考えましょう。生徒の成績は、0から20の間の小数点以下を含む値で示されます。成績をランダム事象として扱えば、成績そのものが0から20までの任意の値をとることができる**連続確率変数**(continuous random variable)になります。生徒が11から12の間の成績を取る確率を計算したいなら、5章で学んだ戦略を使えます。一様確率と仮定して、次の式を考えましょう。

$$P(11 < x < 12) = \frac{n(E)}{n(S)}$$

ここで、E は11から12のすべての可能な成績の集合、S はすべての可能な成績の集合、すなわち、1から20の全実数です。問題の定義から、$n(E)$ は、11から12までのすべての可能な実数の集合なので、無限になります。$n(S)$ についても同じです。したがって、確率を計算するには別の方式を取る必要があります。

確率密度関数(probability density function)$P(x)$ は、x に近い確率変数の値の確率を表します[1]。x がある区間にあるかどうかの確率も表します。すなわち、この例で成績の確率を表す確率密度関数がわかっていれば、$P(11 < x < 12)$ を計算すれば確率が得られるということです。しかし、どうやって計算するのでしょうか。この確率は、確率密度関数のグラフと x 軸で点 $x = 11$ と $x = 12$ で囲まれた領域の面積となります。任意の確率密度関数を考えたとき、**図7-8**がこれを示します。

※1　原注：より詳しくは、Duane Q. Nykampの「The idea of a probability density function」Math Insight (http://mathinsight.org/probability_density_function_idea)参照。

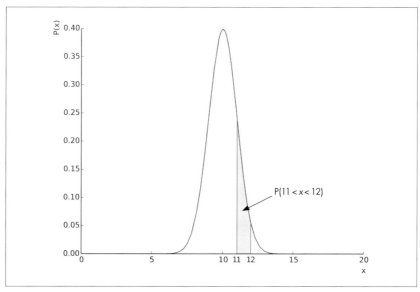

図7-8　数学の成績の確率密度関数

この領域は次の積分値と等しいことがわかっています。

$$\int_{11}^{12} p(x)dx$$

したがって、簡単に11から12の間の成績の確率を求められます。ここで仮定した確率密度関数は次の式で求めることができます。

$$\frac{1}{\sqrt{2\pi}} e^{-\frac{(x-10)^2}{2}}$$

ここで、xが成績です。この関数は、成績が大小含めて10に近いことが多く、少し離れると急激に減少するものとして選ばれました。

積分

$$\int_{11}^{12} p(x)dx$$

を$p(x)$が先ほどの関数であるとして計算しましょう。

```
>>> from sympy import Symbol, exp, sqrt, pi, Integral
>>> x = Symbol('x')
```

```
>>> p = exp(-(x - 10)**2/2)/sqrt(2*pi)
>>> Integral(p, (x, 11, 12)).doit().evalf()
0.135905121983278
```

　x軸上で11と12の間の定積分を計算する確率密度関数をpで表すことにより、この関数のIntegralオブジェクトを作りました。doit()を使って関数の積分を評価し、evalf()を使って数値を求めました。こうして、11から12の成績の確率が0.14に近い値となりました。

確率密度関数についての注意

厳密には、この確率密度関数から、成績が負や20より大きいものにも0ではない確率が求められます。しかし、本節での考え方を用いて検討すれば、そのような事象の確率は非常に小さく、本節での目的からすれば無視できます。

　確率密度関数には2つの特性があります。(1) 任意のxに対する関数値は、確率が0より小さくはならないので、常に0より大きい。(2) 次の定積分

$$\int_{-\infty}^{\infty} f(x)dx$$

は1に等しい。第2の特性については議論の価値があります。$p(x)$が確率密度関数なので、囲まれる領域、すなわち2点$x = a$と$x = b$の間の積分

$$\int_{a}^{b} p(x)dx$$

から$x = a$と$x = b$の間にxがある確率が求められます。これは、aとbの値が何であれ、積分の値は、確率の定義により1を超えないことを意味します。したがって、aとbが$-\infty$と∞のような非常に大きな値だとしても、積分の値は、実際次のように検証できますが、結果は1でしかないということです。

```
>>> from sympy import Symbol, exp, sqrt, pi, Integral, S
>>> x = Symbol('x')
>>> p = exp(-(x - 10)**2/2)/sqrt(2*pi)
>>> Integral(p, (x, S.NegativeInfinity, S.Infinity)).doit().evalf()
1.00000000000000
```

S.NegativeInfinityとS.Infinityは、負と正の無限大を表し、Integralオブジェクト作成時に下限と上限とを指定します。

連続確率変数を扱うとき、注意が必要です。離散確率では、6面サイコロの目が7である確率は0です。確率が0の事象を、**不可能**（impossible）事象と呼びます。連続確率変数の場合、正確にある値を変数がとる確率は、たとえ**可能**（possible）事象であったとしても0です。例えば、生徒の成績が正確に11.5ということは可能ですが、連続確率変数の性質から、その確率は0です。次の積分値

$$\int_{11.5}^{11.5} p(x)dx$$

の確率を考えれば理由は明らかでしょう。

この定積分の上限と下限は同じですから、値は0です。これは、直感に反していて逆説的に思えるでしょうから、もう少し理解することにしましょう。

先ほど述べた0から20の成績を考えましょう。学生の成績はこの区間の任意の数が可能だとしました。それは、無限個の数があるということを意味します。それぞれの数が等確率で選ばれるとしたら、その確率はいくらでしょうか。離散確率の公式から、等確率で選ばれる確率は$1/\infty$で、非常に小さな数です。実際、あまりに小さくて実際上は0とみなされます。したがって、成績が11.5である確率は0なのです。

7.9　学んだこと

本章では、関数の極限、微分、積分の求め方を学びました。関数の最大値を求める勾配上昇法を学び、積分の原理を使って連続確率変数の確率を計算する方法も理解しました。次は、課題に取り組みましょう。

7.10　プログラミングチャレンジ

本章で学んだことを応用して次の課題に取り組みます。解答例をhttps://www.nostarch.com/doingmathwithpython/に掲載しています。

問題7-1　ある点での関数の連続性を検証する

ある点で関数が微分可能であるための必要条件は、その点で連続だということです。すなわち、その点で定義されており、その左側の極限と右側の極限がともに存在して、その点の関数値に等しいということです。$f(x)$が関数で$x = a$が評価する点だ

とします。この必要条件は数学では次のように表現します。

$$\lim_{x \to a^+} f(x) = \lim_{x \to a^-} f(x) = f(a)$$

この課題は、(1)1変数関数と変数の値とを受け入れて、(2)入力された関数が与えられた値で連続であるかどうかをチェックするプログラムを書くことです。

解の実行例は次のようなものです。

```
Enter a function in one variable: 1/x
Enter the variable: x
Enter the point to check the continuity at: 1
1/x is continuous at 1.0
```

関数 $1/x$ は0で不連続です。それをチェックすると次のようになります。

```
Enter a function in one variable: 1/x
Enter the variable: x
Enter the point to check the continuity at: 0
1/x is not continuous at 0.0
```

問題7-2　勾配降下法を実装する

勾配降下法は関数の最小値を求めるのに使われます。勾配上昇法同様、勾配降下法は反復手法です。変数の初期値から始めて徐々に関数の最小値に相当する変数値に近づきます。近接ステップは次の式で求められます。

$$x_\text{新} = x_\text{旧} - \lambda \frac{df}{dx}$$

ここで、λはステップサイズ、

$$\frac{df}{dx}$$

は関数の微分です。したがって、勾配上昇法との唯一の相違点は、x_oldからx_newを導く方法です。

課題は、ユーザ入力で指定された1変数関数の最小値を求める勾配降下アルゴリズムを用いたジェネリックなプログラムを実装することです。プログラムは、最小値を探す前に、関数のグラフを作り、すべての中間値を表示するようにします（図7-5が参考になるでしょう）。

問題7-3　2曲線で囲まれた領域の面積

次の積分

$$\int_a^b f(x)dx$$

が関数$f(x)$、x軸の$x = a$と$x = b$で囲まれた面積を表すことを学びました。2つの曲線で囲まれた面積も次の積分で求められます。

$$\int_a^b (f(x) - g(x))dx$$

ここで、aとbは$a < b$で、2曲線の交点を表します。関数$f(x)$は**上側関数**、$g(x)$は**下側関数**です。**図7-9**は例を示します。$f(x) = x$、$g(x) = x^2$、$a = 0$で$b = 1$です。

課題は、ユーザがxの2関数を入力し、この2関数で囲まれた領域の面積を出力するプログラムを書くことです。プログラムは、最初に入力された関数が上側関数であることを確認し、さらに、領域を見つけるxの範囲についても尋ねる必要があります。

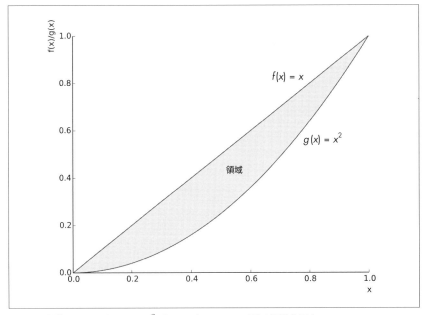

図7-9　関数$f(x) = x$と$g(x) = x^2$が$x = 0$と$x = 1.0$の間で領域を囲む

問題7-4　曲線の長さを求める

図7-10に示されるような道路をサイクリングしたと仮定しましょう。距離計がないので、走破した距離を数学的に求める方法を知りたいとします。まずこの経路を、近似的でもよいので記述する方程式が必要です。

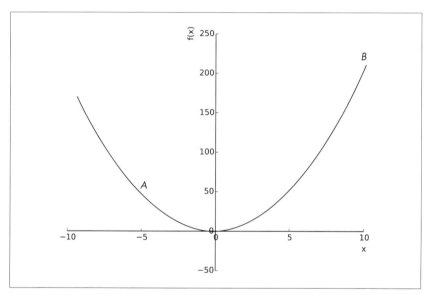

図7-10　サイクリング道路の近似図

以前議論した2次関数によく似ていることに気付いたでしょう。実際この課題では、方程式を $y = f(x) = 2x^2 + 3x + 1$ として、地点 $A(-5, 36)$ から地点 $B(10, 231)$ へとサイクリングしたとします。曲線の長さ、すなわち走破距離を求めるには次の積分を計算する必要があります。

$$\int_a^b \sqrt{1 + \left(\frac{dy}{dx}\right)^2}\ dx$$

ここで y はこの関数です。課題は、曲線の弧ABの長さを計算するプログラムを書くことです。

解を一般化して、任意の関数 $f(x)$ の任意の2点間の弧の長さを求める方法を作ってもよいでしょう。

付録A
ソフトウェアのインストール

　本書のプログラムと解答は、Python 3.4、matplotlib 1.4.2、matplotlib-venn 0.11、SymPy 0.7.6でテストしました。これらは最低限必要なバージョンで、最新バージョンでもプログラムは問題ないはずです。変更や更新は本書のウェブサイトhttps://www.nostarch.com/doingmathwithpython/に掲載しています。

　Pythonと必要なライブラリを入手するにはいくつもの方法がありますが、一番簡単なのは、Anaconda Python 3を使うことです。Microsoft Windows、Linux、Mac OS X版は無料で入手できます。本書執筆時点で最新リリースは、Anaconda 2.1.0 Python 3.4でした[※1]。Anaconda (https://www.anaconda.com/distribution/) は、Python 3と数学およびデータ解析パッケージを1つの簡単なインストーラで一括インストールできます。Pythonの数学ライブラリを新たに追加する場合にも、Anacondaなら`conda`と`pip`というコマンドを使って即座に可能です。Anacondaには、Pythonを使った開発に役立つ他にも多くの機能を備えています。すぐ後で登場しますが、サードパーティパッケージを簡単にインストールできる`conda`パッケージマネージャが付随しています。隔離したPython環境も作れるので、例えば、Python 2、Python 3.3、Python 3.4といった複数のPythonを同じAnacondaで使えます。Anacondaのウェブサイトとcondaのドキュメント (http://conda.pydata.org/docs/intro.html) からさらに知ることができます。

　次節では、Microsoft Windows, Linux, Mac OS XでのAnacondaのインストールを簡単に述べるので、必要なところを読んでください。インターネットへ接続する必要がありますが、それは省略します。

※1　訳注：翻訳時点で、Python 3.5.1、Anaconda 2.4.0、SymPy 1.0。

問題があったら、https://www.continuum.io/ にトラブルシューティング情報があります。

A.1 Microsoft Windows

Python 3 の Anaconda GUI インストーラを https://www.continuum.io/downloads からダウンロードします。インストーラをダブルクリックして、次のステップを行います。

1. Next をクリックして、License Agreement（ライセンス合意）を承認します。

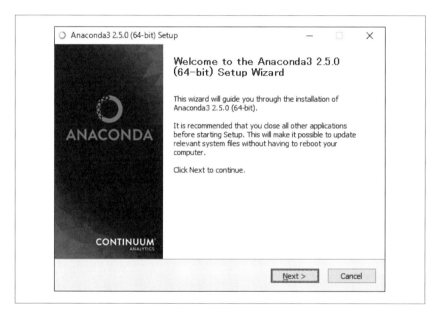

2. インストールを自分だけにするか、使用コンピュータの全ユーザにするか選択します。
3. Anaconda がプログラムをインストールするフォルダを指定します。デフォルトで構いません。
4. 次の Advance Options で、両方のボックスをチェックするようにしてください。Python シェルやその他の conda, pip, idle といったコマンドをどこのコマンドプロンプトからも呼び出せるようにします。また、Python 3.4 のインストール

を探す他のPythonプログラムがAnacondaのインストールしたコードを捉えられるようにもします。

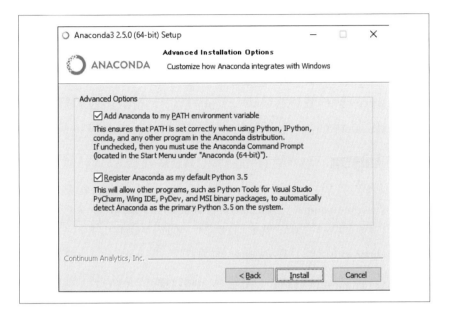

5. Installをクリックして開始します。インストールが終わったら、Nextをクリックします。さらにFinishをクリックして完了します。スタートメニューにPythonが表示されるはずです。
6. Windowsのコマンドプロンプトを開いて、次のステップを行います。

A.1.1 SymPyの更新

SymPyが既にインストールされているかもしれませんが、0.7.6以上であることを確認したいので、次のコマンドでインストールします[※1]。

>C:\users> conda install sympy=0.7.6

これでSymPy 0.7.6に更新またはインストールされます。

※1　訳注：pip show sympyでバージョンを確認してからのほうがよい。翻訳時点では0.7.6.1

A.1.2 matplotlib-vennのインストール

matplotlib-vennのインストールには次のコマンドを使います[1]。

```
>C:\users> pip install matplotlib-venn
```

コンピュータはすべてのプログラムを実行する準備ができました。

A.1.3 Pythonシェルの開始

Windowsコマンドプロンプトを開いて、idleと入力してIDLEシェルを開始します。あるいは、Pythonと入力してPython 3のデフォルトシェルを開始します[2]。

A.2 Linux

Linuxインストーラは、シェルスクリプトインストーラとして配布されているので、https://www.continuum.io/downloadsからAnaconda Pythonインストーラをダウンロードするとよいでしょう。次を実行してインストーラを開始します。

```
$ bash Anaconda3-2.1.0-Linux-x86_64.sh
```

```
Welcome to Anaconda3 2.1.0 (by Continuum Analytics, Inc.)

In order to continue the installation process, please review the license
agreement.
Please, press ENTER to continue
>>>
```

「Anaconda END USER LICENSE AGREEMENT」(Anacondaエンドユーザライセンス合意)が表示されるので、読んだらyesと入力してインストールを継続します。

```
Do you approve the license terms? [yes|no]
[no] >>> yes

Anaconda3 will now be installed into this location:
/home/testuser/anaconda3
```

---

[1] 訳注：easy_install matplotlib-vennのほうがよさそうだ。訳者の環境では、pipではエラーが出てインストールできなかった。
[2] 訳注：スタートメニューにAnaconda Promptがあればそれをクリックしてもよい。AnacondaにはSpyderというシェルも同封されている。

```
- Press ENTER to confirm the location
- Press CTRL-C to abort the installation
- Or specify a different location below
```

ENTERキーを押すとインストールが始まります。

```
[/home/testuser/anaconda3] >>>
PREFIX=/home/testuser/anaconda3
installing: python-3.4.1-4 ...
installing: conda-3.7.0-py34_0
..
creating default environment...
installation finished.
Do you wish the installer to prepend the Anaconda3 install location
to PATH in your /home/testuser/.bashrc ? [yes|no]
```

インストール箇所の確認を求められたら、yesと入力して、AnacondaでインストールしたPython 3.4インタプリタが端末からPythonプログラムを呼び出したときに常に呼び出されるようにします。

```
[no] >>> yes
Prepending PATH=/home/testuser/anaconda3/bin to PATH in /home/testuser/.bashrc
A backup will be made to: /home/testuser/.bashrc-anaconda3.bak
For this change to become active, you have to open a new terminal.
Thank you for installing Anaconda3
```

新たなターミナル画面を開いて次のステップへ進みます。

A.2.1　SymPyの更新

まず、SymPy 0.7.6がインストールされていることを確かめます。

```
$ conda install sympy=0.7.6
```

インストールされていない場合は、必要なパッケージや関連パッケージのアップデートがされますので、yを入力して継続してください。

A.2.2　matplotlib-vennのインストール

matplotlib-vennのインストールには次のコマンドを使います。

```
$ pip install matplotlib-venn
```

A.2.3　Pythonシェルの開始

これで完了です。新たなターミナル画面を開き、idle3と入力してIDLEエディタを開始するか、pythonと入力してPython 3.4シェルを開始します。すべてのプログラムを実行したり、新たなプログラムを試すことができます。

A.3　Mac OS X

https://www.continuum.io/downloadsからGUIインストーラをダウンロードします。.pkgファイルをダブルクリックして、指示に従います。

1. 情報ウィンドウで「続ける」をクリックします。

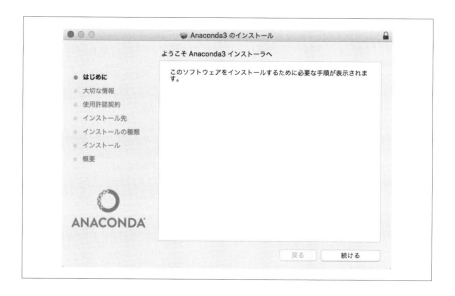

A.3 Mac OS X | **231**

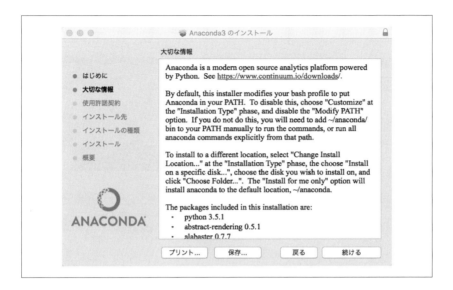

2. 「同意する」をクリックして「Anaconda END USER LICENSE AGREEMENT」を承認します。

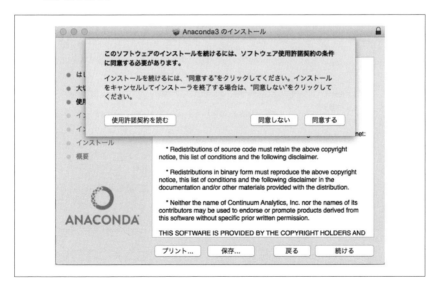

3. 次の画面では「自分専用にインストール」を選択します。エラーメッセージが表示されますがインストーラソフトウェアのバグです。クリックすれば消えます。

「続ける」をクリックして次に進みます。

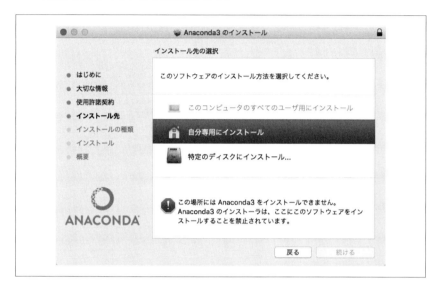

4.「インストール」を選びます。

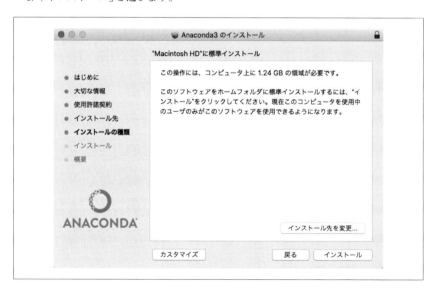

5. インストールが終わったらターミナル.appを開き、次のステップへ進んでSymPyを更新して、matplotlib-vennをインストールします。

A.3.1 SymPyの更新

まず、SymPy 0.7.6がインストールされていることを確かめます。

```
$ conda install sympy=0.7.6
```

A.3.2 matplotlib-vennのインストール

matplotlib-vennのインストールには次のコマンドを使います。

```
$ pip install matplotlib-venn
```

A.3.3 Pythonシェルの開始

全部できました。端末ウィンドウを閉じ、新たなターミナル画面を開き、idle3と入力してIDLEエディタを開始するか、pythonと入力してPython 3.4シェルを開始します。すべてのプログラムを実行したり、新たなプログラムを試すことができます。

付録B
Pythonについて

　この付録の目的は、各章できちんと述べることができなかったPythonの内容の簡単な復習と、より優れたPythonプログラムを書く上で役立つトピックの紹介です。

B.1　if __name__ == '__main__'

　本書を通じて次のようなコードブロックを使ってきました。ここで、func()はプログラムで定義した関数です。

```
if __name__ == '__main__':
    # Do something
    func()
```

　このコードブロックは、ブロック内の文が、このプログラム実行時にだけ実行されることを保証します。

　プログラム実行時に特別変数__name__の値は__main__に自動的に設定されます。If条件はTrueで関数func()が呼び出されます。しかし、他のプログラムからインポートされたときには、__name__の値は異なります（「B.7　コードの再利用」参照）。

　簡単なデモを示しましょう。factorial.pyという次のプログラムを考えます。

```
# Find the factorial of a number
def fact(n):
    p = 1
    for i in range(1, n+1):
        p = p*i
    return p
❶ print(__name__)
if __name__ == '__main__':
    n = int(input('Enter an integer to find the factorial of: '))
    f = fact(n)
```

```
print('Factorial of {0}: {1}'.format(n, f))
```

このプログラムは、引数に渡された整数の階乗を計算する関数fact()を定義します。実行すると、__name__が自動的に__main__に設定されているので、❶のprint関数に対応して__main__を出力します。それから整数の入力を促し、階乗を計算して結果を出力します。

```
__main__
Enter an integer to find the factorial of: 5
Factorial of 5: 120
```

他のプログラムで階乗計算が必要になったとしましょう。関数をもう一度書くことは避けインポートして再利用することにします。

```
from factorial import fact
if __name__ == '__main__':
    print('Factorial of 5: {0}'.format(fact(5)))
```

両方のプログラムを同じディレクトリに置きます。このプログラムを実行すると次の結果が得られます。

```
factorial
Factorial of 5: 120
```

他のプログラムからインポートされると、変数__name__は拡張子を除いたファイル名に設定されます。この場合、__name__の値は__main__でなくfactorialです。条件_name__ == '__main__'がFalseになるので、プログラムはユーザ入力を求めません。条件を除くとどうなるか、自分で試しましょう。

まとめると、プログラムでif __name__ == '__main__'を使うのはよい方法で、プログラムが独立で実行されたときには文が実行され、プログラムが他のプログラムへインポートされたときには実行を阻止することができます。

B.2　リスト内包表記

整数のリストがあり、それらの平方数を含む新しいリストを作りたいとします。次の方式は、馴染みのあるものでしょう。

```
>>> x = [1, 2, 3, 4]
>>> x_square = []
```

❶ >>> for n in x:
❷   x_square.append(n**2)
>>> x_square
[1, 4, 9, 16]

これは、本書のさまざまなプログラムで使ってきたコードパターンです。空リスト x_squareを作り、平方数を計算しては追加しています。これをさらに効率化します。

❸ >>> x_square = [n**2 for n in x]
>>> x_square}
[1, 4, 9, 16]

❸の文はPythonでは**リスト内包表記**（list comprehensions）と呼ばれます。式 n**2、forループfor n in xで構成されます。基本的に、❶と❷の2つの文を組み合わせ、1つの文で新たなリストを作ります。

もう1つの例として、「2.4.2.2 軌跡を描く」で書いた、投射運動する物体の軌跡を描くプログラムを考えましょう。このプログラムでは、時刻ごとに物体のx, y座標を計算する次のようなコードブロックがあります。

```
# Find time intervals   区間を求める
intervals = frange(0, t_flight, 0.001)
# List of x and y coordinates
x = []
y = []
for t in intervals:
    x.append(u*math.cos(theta)*t)
    y.append(u*math.sin(theta)*t - 0.5*g*t*t)
```

リスト内包表記を使うと次のように書き直せます。

```
# Find time intervals   区間を求める
intervals = frange(0, t_flight, 0.001)
# List of x and y coordinates
x = [u*math.cos(theta)*t for t in intervals]
y = [u*math.sin(theta)*t - 0.5*g*t*t for t in intervals]
```

空リストを作り、forループを書いてリストに追加する必要がないので、コードが簡潔になります。リスト内包表記は、これを1文で書けるようにします。

式の中のどのリスト要素を評価するか選択するための条件をリスト内包表記に追加できます。最初の例題を再度考えましょう。

```
>>> x = [1, 2, 3, 4]
>>> x_square = [n**2 for n in x if n%2 == 0]
>>> x_square
[4, 16]
```

このリスト内包表記では、if条件を使って、xのリスト要素で偶数のものだけを式 n**2で評価するよう明示的にPythonに伝えます。

B.3　辞書データ構造

Python辞書は、4章でSymPyのsubs()メソッドで最初に使いました。Python辞書をもう少し詳しく見ていきましょう。簡単な辞書を考えます。

```
>>> d = {'key1': 5, 'key2': 20}
```

このコードは、2つのキー'key1'と'key2'を持ち、値がそれぞれ5と20の辞書を作ります。文字列、数、タプルだけがPython辞書のキーになります。これらのデータ型は**変更不能**（immutable）データ型と呼ばれます。一度作られると変更できません。リストは、要素を追加したり削除できるので、キーにはなりえません。

辞書の'key1'に対応する値を取り出すには、d['key1']と指定しなければいけません。これは、辞書で一番よく使われるユースケースです。関連するユースケースは辞書にあるキー'x'があるかどうかを調べるものです。次のようにして調べます。

```
>>> d = {'key1': 5, 'key2': 20}
>>> 'x' in d
False
```

辞書を作ったら、リストに要素を追加するのと同様に、新たなキー値ペアを追加できます。次がその一例です。

```
>>> d = {'key1': 5, 'key2': 20}
>>> if 'x' in d:
        print(d['x'])
else:
        d['x'] = 1

>>> d
{'key1': 5, 'x': 1, 'key2': 20}
```

このコードはキー'x'が既に辞書にあるか調べます。あればその対応する値を出力

し、なければ辞書にキーを対応する値を1として追加します。集合でのPythonの振る舞いに似ています。Pythonは、キー値ペアの辞書における順序は保証できません。キー値ペアの順序は、挿入順序をまったく反映しません。

キーを辞書への添字として指定する他に、get()メソッドを使ってキーに対応する値を取り出すことができます。

```
>>> d.get('x')
1
```

get()メソッドで存在しないキーを指定すると、デフォルト値Noneを返します。添字方式で同じことを行うとエラーを返します。

get()メソッドは、存在しないキーに対して返されるデフォルト値を指定できます。

```
>>> d.get('y', 0)
0
```

辞書dにキー'y'がないので、0を返します。キーがあれば、その値を返します。

```
>>> d['y'] = 1
>>> d.get('y', 0)
1
```

メソッドkeys()とvalues()は、辞書の中にあるすべてのキーと値とをそれぞれリストのようなデータ構造で返します。

```
>>> d.keys()
dict_keys(['key1', 'x', 'key2', 'y'])
>>> d.values()
dict_values([5, 1, 20, 1])
```

辞書のキー値ペアをイテレーションするには、items()メソッドを使います。

```
>>> d.items()
dict_items([('key1', 5), ('x', 1), ('key2', 20), ('y', 1)])
```

このメソッドは、各タプルがキー値ペアとなるタプルのビュー（view）を返します。

```
>>> for k, v in d.items():
        print(k, v)

key1 5
x 1
```

```
key2 20
y 1
```

ビューはリストよりメモリ効率がよく、要素の追加削除を許しません。

B.4　複数戻り値

これまで書いてきたプログラムでは、ほとんどの関数が単一値を返しますが、関数は複数値も返すことがあります。そのような関数の例は、「3.4　散らばりを測る」で、範囲を決めるプログラムで、find_range()関数から3つの数を返しました。そのときの方法とは別の例を次に示します。

```
import math

def components(u, theta):
    x = u*math.cos(theta)
    y = u*math.sin(theta)

    return x, y
```

components()関数は、速度u、角度thetaラジアンを引数として受け取り、x、y座標を計算してそれらを返します。計算した成分を返すのには、対応するPythonラベルをカンマで並べてreturn文にしただけです。これは、xとyのタプルを作って返します。呼び出し側のコードでは、複数の値を受け取ります。

```
if __name__ == '__main__':
    theta = math.radians(45)
    x, y = components(theta)
```

components()関数がタプルを返すので、タプルの添字を使って戻り値を取り出します。

```
c = components(theta)
x = c[0]
y = c[1]
```

これには、返されるすべての異なる値を知る必要がないという利点があります。例えば、関数が3つの値を返すときに、x,y,z = myfunc1()と書かなくてもよい、あるいは、4つの値を返すときに、a,x,y,z = myfunc1()と書かなくてもよいわけです。

この2つの場合、components()関数を呼び出す側のコードは、値そのものから知

ことができないので、どの戻り値が速度のどの成分に対応するのか知る必要があります。

ユーザフレンドリーな方法は、値の代わりに辞書オブジェクトを返すもので、dict=Trueキーワード引数を用いてSymPyのsolve()関数について説明したものです。先ほどのcomponents()関数で辞書を返すように書き直すと次のようになります。

```
import math

def components(theta):
    x = math.cos(theta)
    y = math.sin(theta)

    return {'x': x, 'y': y}
```

キー'x'と'y'でxとy成分と対応する数値を指す辞書を返します。この新たな関数定義では、戻り値の順序を心配する必要がありません。キー'x'を用いてx成分を、キー'y'を用いてy成分を取り出せばよいのです。

```
if __name__ == '__main__':
    theta = math.radians(45)
    c = components(theta)
    y = c['y']
    x = c['x']
    print(x, y)
```

この方式では、戻り値を参照するのに添字を使う必要がありません。次のコードは、範囲を決めるプログラム（「3.4　散らばりを測る」参照）を書き直して、結果がタプルではなく辞書で返されるようにしたものです。

```
'''
Find the range using a dictionary to return values     辞書を使って戻り値の範囲を決める
'''
def find_range(numbers):
    lowest = min(numbers)
    highest = max(numbers)
    # find the range
    r = highest-lowest
    return {'lowest':lowest, 'highest':highest, 'range':r}

if __name__ == '__main__':
    donations = [100, 60, 70, 900, 100, 200, 500, 500, 503, 600, 1000, 1200]
```

```
        result = find_range(donations)
❶       print('Lowest: {0} Highest: {1} Range: {2}'.
              format(result['lowest'], result['highest'], result['range']))
```

find_range()関数はlowest, highest, rangeというキーと対応する最低、最高の数と範囲からなる辞書を返します。❶では対応するキーを使って対応する値を取り出します。

数の集まりの範囲だけに関心があり、最小や最大の数に興味がないなら、result['range']だけを使い、返された他の値は気にかけなくてもよいのです。

B.5 例外処理

1章で、'1.1'のような文字列をint()関数を使って整数に変換しようとするとValueErrorになることを学びました。try...exceptブロックを使うと、ユーザフレンドリーなエラーメッセージを出力できます。

```
>>> try:
        int('1.1')
except ValueError:
        print('Failed to convert 1.1 to an integer')

Failed to convert 1.1 to an integer
```

tryブロックの文のいずれかが例外を上げると、その例外の型がexcept文で指定されたものと合致するかどうか確認します。合致すれば、プログラムはexceptブロックを実行します。例外の型が合致しないと、プログラム実行は停止して、例外を表示します。次がその例です。

```
>>> try:
        print(1/0)
except ValueError:
        print('Division unsuccessful')

Traceback (most recent call last):
  File "<pyshell#66>", line 2, in <module>
    print(1/0)
ZeroDivisionError: division by zero
```

このコードブロックでは、0による割り算を行ったため、ZeroDivisionError例外

になります。割り算は、try...exceptブロックで行われるのですが、例外型の指定が間違っているので、例外が正しく処理されません。この例外を正しく処理するには、例外型としてZeroDivisionErrorを指定します。

B.5.1　複数の例外型を指定する

複数の例外型を指定することもできます。渡された数の逆数を返す関数reciprocal()を考えましょう。

```
def reciprocal(n):
    try:
        print(1/n)
    except (ZeroDivisionError, TypeError):
        print('You entered an invalid number')
```

ユーザ入力の逆数を出力する関数reciprocal()を定義しました。関数に0を入力したらZeroDivisionError例外を起こします。文字列を渡したら、TypeError例外を起こします。関数は、これら両方の場合を不当入力として、ZeroDivisionErrorとTypeErrorの両方をexcept文でタプルで指定しました。

正当な入力、0ではない数で関数を呼び出しましょう

```
>>> reciprocal(5)
0.2
```

引数0で呼び出します。

```
>>> reciprocal(0)
Enter an integer: 0
You entered an invalid number
```

引数0は、except文で例外型のタプルで指定されていたZeroDivisionError例外を起こしましたから、コードはエラーメッセージを出力します。

文字列を入力しましょう。

```
>>> reciprocal('1')
```

この場合は不当な入力でTypeError例外を起こします。この例外も指定例外タプルにあり、コードはエラーメッセージを出力します。より適切なエラーメッセージを出したければ、次のように複数のexcept文を使います。

```
def reciprocal(n):
    try:
        print(1/n)
    except TypeError:
        print('You must specify a number')
    except ZeroDivisionError:
        print('Division by 0 is invalid')

>>> reciprocal(0)
Division by 0 is invalid
>>> reciprocal('1')
You must specify a number
```

TypeError、ValueError、ZeroDivisionErrorの他にも多数の組み込み例外型があります。https://docs.python.org/3.4/library/exceptions.html#bltin-exceptions のPythonドキュメントが、Python 3.4の組み込み例外型をまとめています。

B.5.2 elseブロック

elseブロックは、例外がないときに実行する文を指定します。投射軌跡を描くために書いたプログラム(「2.4.2.2 軌跡を描く」参照)を考えましょう。

```
if __name__ == '__main__':
    try:
        u = float(input('Enter the initial velocity (m/s): '))
        theta = float(input('Enter the angle of projection (degrees): '))
    except ValueError:
        print('You entered an invalid input')
❶   else:
        draw_trajectory(u, theta)
        plt.show()
```

uまたはthetaの入力が浮動小数点数に変換できないと、draw_trajectory()やplt.show()関数を呼び出すことが意味をなしません。そこで❶のelseブロックでこれら2文を記述しました。try...except...elseを使うことによって、実行時のさまざまな種類のエラーを扱うことができます。エラーが起きれば適切な処置を、エラーが起こらないときにはしかるべき処理を行うことができます。

1. 例外が起こり、起きた例外型に対応するexcept文があるなら、実行は対応するexceptブロックに移される。

2. 例外が起こらなければ、実行はelseブロックに移る。

B.6　Pythonでのファイル読み込み

ファイルのオープンはデータ読み出しの第一歩です。簡単な例を使いましょう。1行に1つ数値を持つ数の集まりのファイルを考えます。

```
100
60
70
900
100
200
500
500
503
600
1000
1200
```

ファイルを読み込んでこれらの数のリストを返す関数を書きます。

```
    def read_data(path):
        numbers = []
❶       f = open(path)
❷       for line in f:
            numbers.append(float(line))
        f.close()
        return numbers
```

関数read_data()を定義しますが、まず、数すべてを格納する空リストを作ります。❶でopen()関数を使って、引数で指定されたパスにあるファイルを開きます。パスの例は、Linuxで/home/username/mydata.txt、Microsoft WindowsでC:\mydata.txt、Mac OS Xで/Users/Username/mydata.txtです。open()関数はファイルオブジェクトを返し、それをラベルfで受けます。❷のforループで行ごとに読み込みます。各行は文字列で返されるので、数に変換して、numbersリストに追加します。ループはすべての行を読み込んで停止し、close()メソッドを使ってファイルを閉じます。最後にnumbersリストを返します。

これは3章でファイルから数を読んだのと同じ方式ですが、3章では、異なる方式

を用いたので明示的にファイルを閉じる必要がありませんでした。3章で用いた方式を使うと、この関数は次のように書き直せます。

```
    def read_data(path):
        numbers = []
❶       with open(path) as f:
            for line in f:
                numbers.append(float(line))
❷       return numbers
```

鍵となる文は❶です。f = open(path) と同じように見えますが、かなり違います。ファイルを開いて open() で返されたファイルオブジェクトを f に割り当てるだけでなく、このブロックのすべての文、この場合は、return 文の手前の全文に対する新たな文脈 (context) を設定しています。本体の全文が実行されると、ファイルは自動的に閉じられます。すなわち、実行が❷の文に達したとき、明示的な close() メソッドを呼び出さなくても、ファイルが閉じられます。この手法は、ファイルの処理で何か例外が起きると、プログラムが抜け出す前にファイルが閉じられることを意味します。ファイルを扱うときに好まれる方法です。

B.6.1　全行を一度に読み込む

一行ずつ読んでリストを作っていく代わりに、readlines() メソッドを使って全行を読み込んで、一度にリストにすることができます。これはさらに簡潔な関数になります。

```
    def read_data(path):
        with open(path) as f:
❶           lines = f.readlines()
        numbers = [float(n) for n in lines]
        return numbers
```

readlines() メソッドを使って❶でファイルの全行を読み込んでリストにしました。float() 関数とリスト内包表記を使ってリストの各要素を浮動小数点数に変換します。最後に、リスト numbers を返します。

B.6.2 ファイル名を入力で指定する

read_data()関数はファイルパスを引数に取ります。プログラムにファイル名を入力できれば、この関数は任意のファイルからデータを読み込むことができます。例は次のようになります。

```
if __name__ == '__main__':
    data_file = input('Enter the path of the file: ')
    data = read_data(data_file)
    print(data)
```

このコードをread_data()関数の定義の末尾に追加して実行すれば、ファイルのパスを入力するよう求めます。そして、ファイルから読み込んだ数を出力します。

```
Enter the path of the file: /home/amit/work/mydata.txt
[100.0, 60.0, 70.0, 900.0, 100.0, 200.0, 500.0, 500.0, 503.0, 600.0, 1000.0, 1200.0]
```

B.6.3 ファイル読み込み時のエラー処理

ファイルの読み込みがうまくいかない場合は2通りあります。(1)ファイルが読めない、(2)ファイルのデータが予期していたフォーマットではない。ファイルが読めないときどうなるかという例を示します。

```
Enter the path of the file: @<b>{/home/amit/work/mydata2.txt}
Traceback (most recent call last):
  File "read_file.py", line 11, in <module>
    data = read_data(data_file)
  File "read_file.py", line 4, in read_data
    with open(path) as f:
FileNotFoundError: [Errno 2] No such file or directory: '/home/amit/work/mydata2.txt'
```

存在しないファイルパスを入力したので、ファイルを開こうとしたときに、FileNotFoundError例外が起こりました。read_data()関数を次のように修正して、プログラムがユーザフレンドリーなエラーメッセージを表示できます。

```
def read_data(path):
    numbers = []
    try:
        with open(path) as f:
            for line in f:
```

```
            numbers.append(float(line))
    except FileNotFoundError:
        print('File not found')
    return numbers
```

存在しないファイルパスを指定すると、今度はエラーメッセージが表示されます。

```
Enter the path of the file: /home/amit/work/mydata2.txt
File not found
```

第2のエラーは、プログラムで読み込むことになっていないデータの場合です。例えば、次のようなファイルを考えましょう。

```
10
20
3o
1/5
5.6
```

ファイルの第3行目は、数字の0の代わりに文字oなので浮動小数点数に変換できません。4行目は1/5で文字列形式の分数です。float()では扱えません。

このデータファイルを先ほどのプログラムに指定すると、次のようなエラーになります。

```
Enter the path of the file: @<b>{bad_data.txt}
Traceback (most recent call last):
  File "read_file.py", line 13, in <module>
    data = read_data(data_file)
  File "read_file.py", line 6, in read_data
    numbers.append(float(line))
ValueError: could not convert string to float: '3o\n'
```

ファイルの3行目は3oで、数30ではありませんから、浮動小数点数に変換しようとした結果が ValueError になります。このようなデータがファイルにあるとき、処理方式は2つあります。第1の方式はエラーを報告してプログラムを終える(exit)ことです。修正した read_data() 関数は次のようになります。

```
def read_data(path):
    numbers = []
    try:
        with open(path) as f:
```

```
                    for line in f:
❶                       try:
❷                           n = float(line)
                        except ValueError:
                            print('Bad data: {0}'.format(line))
❸                           break
❹                       numbers.append(float(line))
        except FileNotFoundError:
            print('File not found')
        return numbers
```

❶で始まるもう1つの try...except ブロックを関数に挿入しました。❷で行を浮動小数点数に変換します。プログラムが ValueError 例外を起こすなら、問題の行とエラーメッセージを出力して、❸で break を使って for ループを抜け出します。プログラムはファイルの読み込みを止めます。返されたリスト numbers には、不正なデータに出会うまでに無事に読めた全データが含まれます。エラーがなければ、❹でリスト numbers に浮動小数点数を追加します。

プログラムにファイル bad_data.txt を指定すると、最初の2行だけを読んでエラーメッセージを表示して終わります。

```
Enter the path of the file: bad_data.txt
Bad data: 3o

[10.0, 20.0]
```

部分的なデータの返却が望ましくないこともあります。❸の break 文を return に変更してデータを何も返さないようにできます。

第2の方式は、エラーを無視して残りのファイルの処理を継続します。そのように修正した read_data() 関数は次の通りです。

```
def read_data(path):
    numbers = []
    try:
        with open(path) as f:
            for line in f:
                try:
                    n = float(line)
                except ValueError:
                    print('Bad data: {0}'.format(line))
❶                   continue
```

```
            numbers.append(float(line))
    except FileNotFoundError:
        print('File not found')
    return numbers
```

ここでの唯一の変更はforループからbreakで抜け出るのではなく、❶のcontinue文で反復を継続することです。プログラムの出力は次のようになります。

```
Bad data: 3o

Bad data: 1/5

[10.0, 20.0, 5.6]
```

ファイル読み込みのアプリケーションによって、どの方式で不正なデータを扱うのがよいかが決まります。

B.7　コードの再利用

本書全体を通じて、Python標準ライブラリの一部であるかmatplotlibやSymPyのようなサードパーティパッケージをインストールして利用できるクラスや関数を使ってきました。自分のプログラムを他のプログラムへどのようにインポートするか、例を見てみましょう。

「3.5　2つのデータセットの相関を計算する」で書いたfind_corr_x_y()関数を考えましょう。関数定義だけを含む別ファイルcorrelation.pyを作成します。

```
'''
Function to calculate the linear correlation coefficient    線形相関係数を計算する関数
'''

def find_corr_x_y(x,y):
    # Size of each set
    n = len(x)

    # find the sum of the products    積の和を求める
    prod = []
    for xi,yi in zip(x,y):
        prod.append(xi*yi)

    sum_prod_x_y = sum(prod)
    sum_x = sum(x)
```

```
    sum_y = sum(y)
    squared_sum_x = sum_x**2
    squared_sum_y = sum_y**2

    x_square = []
    for xi in x:
        x_square.append(xi**2)
    x_square_sum = sum(x_square)

    y_square=[]
    for yi in y:
        y_square.append(yi**2)
    y_square_sum = sum(y_square)

    numerator = n*sum_prod_x_y - sum_x*sum_y
    denominator_term1 = n*x_square_sum - squared_sum_x
    denominator_term2 = n*y_square_sum - squared_sum_y
    denominator = (denominator_term1*denominator_term2)**0.5

    correlation = numerator/denominator

    return correlation
```

.pyというファイル拡張子によって、Pythonファイルはモジュールとして参照されます。この拡張子は通常他のプログラムで使われるクラスや関数のために予約されています。次のプログラムは、ここで定義したcorrelationモジュールからfind_corr_x_y()関数をインポートします。

```
from correlation import find_corr_x_y
if __name__ == '__main__':
    high_school_math = [83, 85, 84, 96, 94, 86, 87, 97, 97, 85]
    college_admission = [85, 87, 86, 97, 96, 88, 89, 98, 98, 87]
    corr = find_corr_x_y(high_school_math, college_admission)
    print('Correlation coefficient: {0}'.format(corr))
```

このプログラムは、表3-3にある生徒の高校の数学の成績と大学入学試験の点数との相関を計算します。correlationモジュールからfind_corr_x_y()関数をインポートし、成績に関する2つの集合を表すリストを作成して、その2リストを引数にfind_corr_x_y()関数を呼び出します。このプログラムを実行すると、相関係数を出力します。2つのファイルを同じディレクトリに置くことに注意してください。物事を単純にするためにそうしました。

あとがき

本書も終わりです。よくできました。数の扱い方、グラフの作り方、数学演算、集合と代数式の処理、アニメーションの作り方、解析問題の解き方を学びました。さて、次は何をしましょうか。いくつか挙げてみましょう。

次に試してみること

この本で、読者のみなさんが自分で数学問題を解くようになるのが私の願いです。しかし、自分で数学問題を探すのは難しいかもしれませんね。

プロジェクト・オイラー

プログラミングで解く数学問題を探すのであれば、プロジェクト・オイラー（Project Euler、https://projecteuler.net/）がよいでしょう。さまざまな難度の500以上の数学の問題があります。無料のアカウントを作って、解を提出して、正しいかどうか確かめることができます。

Pythonドキュメント

各種機能のPythonドキュメントを調べるのもよいでしょう。

- mathモジュール（https://docs.python.org/3/library/math.html）
- 他の数値計算と数学のモジュール（https://docs.python.org/3/library/numeric.html）
- 統計モジュール（https://docs.python.org/3/library/statistics.html）

浮動小数点数がコンピュータのメモリにどのように格納されているか、その結果どのような誤差が生じるかを議論しませんでした。decimalモジュールのドキュメント

やPythonチュートリアルの「浮動小数点演算」についての議論でこの問題について学ぶことができます。

- decimalモジュール (https://docs.python.org/3/library/decimal.html)
- Floating Point Arithmetic (https://docs.python.org/3.4/tutorial/floatingpoint.html)

書籍

数学とプログラムについてさらに勉強したければ、次の本を読んでみてください。

- Al Sweigartの『Invent Your Own Computer Games with Python』と『Making Games with Python and Pygame』(https://inventwithpython.com/から無料で入手可能)。数学問題を特別に扱っているわけではないが、Pythonを使ってコンピュータゲームを書く目的で数学を使う。
- Allen B. Downeyの『Think Stats第2版—プログラマのための統計入門』、黒川利明、黒川洋 訳、オライリー・ジャパン、2015。英語版は無料でhttp://greenteapress.com/thinkstats/から入手可能。題名からわかるように、本書で論じたよりも専門的に統計と確率を論じている。
- Bryson Payneの『Teach Your Kids to Code』(No Starch Press、2015)は初心者向けで、さまざまなPythonの話題に触れている。タートルグラフィック、Pythonの`random`モジュールの面白い使い方、Pygameを使ったゲームやアニメーションの作り方などを学べる。
- Mark Newmanの『Computational Physics with Python』(O'Reilly、2015)は、物理学の問題を解く高度な数学に焦点を絞っている。しかし、数値的および数学的な問題解決のプログラムを書くために学べることもところどころで触れている。

助けがいるとき

本書で論じた事柄でわからないことに直面して困ったなら、メールを私宛(doingmathwithpython@gmail.com)にください。プログラムで使った関数やクラスについてさらに学びたければ、関連プロジェクトの正式ドキュメントにまず目を通

すようにします。

- Python 3 標準ライブラリ (https://docs.python.org/3/library/index.html)
- SymPy (http://docs.sympy.org/)
- matplotlib (http://matplotlib.org/contents.html)

問題に遭遇して助けが必要な場合は、プロジェクトのメーリングリストも役立ちます。本書のウェブサイトからリンクが見つかります。

結論

いよいよ本当に本書の最後です。ここまで読んできて、たくさんのことを学ばれたと思います。さあ外に出かけて、Pythonを使って問題を解決してください！

用語集

2次方程式
$ax^2 + bx + c = 0$の形で表現される方程式。未知数a, b, cは定数とした場合、変数xが2乗なので「2次」方程式と呼ばれる。

アスペクト比
画像の縦と横の比率。

余り
割り算（除法）で、割り切れずに残った部分。剰余ともいう。

一様分布
すべての事象の起こる確率が等しい分布。

因数
その数や式を割り切る数や式。約数、因子などともいう。

因数分解
多項式をその因数の積の形にすること。

エラー
プログラムなどの実行が失敗すること。

演算
計算を構成する1つの処理。演算子とオペランド（被演算子）とからなる。四則演算、比較演算などいくつかの種類がある。

オブジェクト
一般には対象。プログラムで扱うオブジェクトには、特別な意味を持たせることもある（例えば、オブジェクト指向など）。

解析
一般には分析とよく似た意味で使われるが、数学の解析（学）は、微分・積分、級数などを使って関数の性質を調べる数学の一分野。

確率
ある事象が起こりうる確からしさの度合い。

確率変数
特定の確率に関連する値の集合をとることができる変数。

仮引数
関数を定義する際に使われる変数。パラメータ。関数を呼び出すときに使われる(実)引数と区別するときに用いる。特に区別する必要がなければ、引数と考えてもよい。

関数
2つの変数 x, y において、x の数が定まるとそれに対応した y の数が定まる対応関係。このとき y を x の関数であるという。

幾何
図形の性質に関する数学の一分野。現代の幾何学は、空間を含めて抽象的な図形を扱う。

奇数
2で割り切れない整数。

軌跡
ある条件を満たす点が動いて描く図形。

期待値
試行の結果として、長期的に収束すると予想される値、通常は平均値。

級数
数や関数の無限項の和。

偶数
2で割り切れる整数。

クラス
コンピュータサイエンスでは、オブジェクトを作るために使う設計図のようなプログラムを指す。数学では、集合に対して抽象的なクラスを考えることもある。

係数
数式において、変数を除いた定数部分。数である場合もあるが、定数として文字で表される場合もある。

公式
定理や公理の中で、数式で表されたもの。

コード
プログラミング言語で記述されたテキスト。命令列ともいう。

コサイン (cos)
三角関数の1つ。直角三角形においては、θ と直角を底辺の両端に来るようにおいたときの底辺/斜辺。一般的には、単位円の中で、原点を中心として x 軸の正の方向から、反時計まわりに θ の角度をとった円周上の点の x 座標を意味する。

コマンド
主として、シェルなどでコンピュータがユーザの指令を待っているときにユーザが与える命令。

差
数では差異、すなわち、ある数から他の数を引き算(減法)した結果。

最頻値
標本のデータの中で最も度数の高い値。モードとも呼ばれる。

サイン (sin)
三角関数の1つ。直角三角形においては、θ と直角を底辺の両端に来るようにおいたときの垂辺/斜辺。一般的には、単位円の中で、原点を中心として x 軸の正の方向から、反時計まわりに θ の角度をとった円周上の点の y 座標を意味する。

座標
空間や平面で、ある点の位置を表す数の組。

座標軸
座標の値を決定するための基準となる直線。

算術平均
要約統計量の1つ。すべての要素の値の和を要素の数で割った値。

散布図
2次元データ(データの対)を xy 座標として表したグラフ。

四捨五入
必要とする桁の下位の桁が、4以下の場合は切り捨て、5以上の場合は切り上げる数値を丸める方法の1つ。

事象
確率を伴う結果または出来事。

指数
同じ数を繰り返し掛けるときの繰り返しの数。

自然数
正の整数、一部の国では0を含む場合もある。

自然対数
ネイピア数 e (≒ 2.71828...) を底とする対数。

実数
無理数と有理数を合わせたもの。

実装
コンピュータで、ある機能を実現させること。

質量
物質がもともと備えている力学的基本量。慣性質量と重力質量がある。

指標
基準となる目印。

シミュレーション
あることがらをコンピュータなどを使って模擬的に行うこと。

写像
ある集合の要素を(自身も含めた)ある集合の要素に対応させること。

集合
広い意味では、要素の集まり。厳密な意味とPythonでの意味は本書の第5章参照。

乗算表
掛け算の結果を表にしたもの。

数列
ある規則に沿った数の並び。

スクリプト
コンピュータサイエンスでは、簡単なプログラムを指す。スクリプト言語は、Pythonもその一種だがインタープリタを使った動的な機能を備え、スクリプト実行に適している。

スニペット
コードの断片。

生起確率
ある事象が起こりうる確率。

整数
実数の中で、−1, 0, 1, 2,...のような、小数と分数を除いた数。

絶対値
符号や向きに関わらない数の大きさ。

相関
一般には複数の事物間の関係。統計では、変数間の関係の強度を指す。

相関係数
2つの確率変数間の線形な関係の強さを測る指標。一般にはピアソンの積率相関係数を指す場合が多い。

総和
数のまとまりをすべて足し合わせた合計。

添字
配列やリストなど並びを持つ集まりの中の要素を指定するための番号。

測定
長さや質量、時間などを計測して数値化すること。

素数
1と自分自身以外には約数を持たない自然数。ただし1は含めない。

代数
文字や記号を使って数の性質を調べる数学の一分野。現代では、代数学は抽象的な構造を対象とする。

代入
式や関数に含まれる文字や変数を、数や他の文字や式で置き換えること。

代表値
標本の傾向を表す値。平均値、中央値、最頻値などのこと。要約統計量ともいう。

多項式
複数の項を持つ整式。

タプル
複数の要素からなる組。リストと違って追加削除という変更ができない。

単位
長さや質量、時間などを測るときの基準となる量。

タンジェント（tan）
三角関数の1つ。直角三角形においては、θと直角を底辺の両端に来るように置いたときの垂辺/底辺。一般的には、単位円の中で、原点を中心としてx軸の正の方向から、反時計まわりにθの角度をとった円周上の点の$(y$座標$)/(x$座標$)$の値を意味する。

中央値
50パーセンタイル値。中心傾向の尺度としてよく用いられる。

散らばり
分布において、値がどれだけばらついているかを示す尺度。

定数
一定の値。変数に対していう。定数が「変数」になっても驚いてはいけない。

データセット
データのまとまり。データ集合とも。

テキストファイル
文字データのみからなるファイル。

統計量
標本から統計的な関数や処理などにより導き出される平均値、代表値などの数値。

等号
数学記号では＝で表す。記号の両側の数や式が等しいことを表す。Pythonでは、等号の左側に右側を割り当てることを表すので、左側が数になることはない。両側の数や式が等しいことを表す場合は==で表す。

度数
標本中に現れる値の個数。

度数分布表
統計資料を階級に分け、各階級ごとの度数を表の形で表したもの。

ネイピア数
数学定数の1つで約2.71828。eで表す。自然対数の底ともいう。

外れ値
他の値から大きく外れた値。

パッチ
一般にはプログラムの機能を拡張するコード。matplotlibでは第6章にあるように図形を描くクラス。

引数
関数を呼び出す際に指定する値。関数定義時に使う仮引数と区別するときには実引数ともいう。

百分位
観測値の分布を小さな値から並べて何%めに当たるのかを示す。

百分率
割合を表す方法の1つ。全体を100としたときにそれに対する1の割合を1%とする。

標準偏差
分散の平方根で、散らばり具合の尺度としても使われる。

標本
母集団から抽出した一部であり、調査するための資料。サンプルともいう。

ファイル
コンピュータ上でデータとして扱うためのまとまり。通常、プログラムとは別にディレクトリやフォルダと呼ばれるところに格納されている。

フィボナッチ数列
0を初項、1を第2項とし、以降の項は、その前の2つの項の和となっている数列。0, 1, 1, 2, 3, 5, 8, 13, 21,…。

複素数
$a+bi$で表される数。実数と虚数を合わせた数の集まりの総称。電気工学やPythonでは$i=\sqrt{-1}$の代わりにjが用いられる。

不等号
数学記号では≠で表す。記号の両側の数や式が異なることを表す。Pythonでは!=で表す。

フラクタル
同じ幾何変換の繰り返しから生成された図形で、その一部が全体と似た形になる。自己相似形を備えた図形。

プログラム
コンピュータにあるまとまった作業をさせる命令列、あるいは命令列をある規則に従って記述したもの。命令列をコードともいう。

プロット
グラフのこと。あるいはグラフを描くこと。

分散
散らばりを定量化するためによく使われる要約統計量。

分布
標本に現われる値とその度数。

平方根
2乗するとある数になるもの。すなわち $x^2 = a$ を満たす x は a の平方根。

変数
英語でvariableという「決まっていない」という意味から「変わる数」という意味。定数の反対語として使う。方程式では未知数という呼び名もある。具体的な値を言わないで、ある性質の値を指すために使う。

棒グラフ
長方形の棒の長さで、数量の度数を表したグラフ。

方程式
未知数（定数や変数）を含む等式のこと。大体は、その値を求めるために使う。

母集団
調査の対象となるグループ。標本に対して使う。

丸める
端数を切り捨て、切り上げ、四捨五入して概数にすること。

無限
限りがないこと。つまり有限ではないこと。連続と並んで数学的には奥の深い概念。

無理数
実数のうち、分数で表すことができない数。

戻り値
プログラムにおいて、関数やメソッドが処理終了後に呼び出し元に返す値。

有理数
（整数）/（整数）の形で表すことのできる数。ただし分母の整数は0以外。

ラベル
通常、プログラムにおいて、goto文など行き先を示すのに使う名札。本書では、数値を記録するための名前として、普通は変数と呼ぶものの代わりに使う。これは、数学の「変数」との混乱を避けるため特別な使い方。

乱数
出現に規則性がない数のこと。

リスト
コンピュータにおける基本的なデータ構造の1つで、要素が順番に並んでいるもの。

立方根
3乗するとある数になるもの。すなわち $x^3 = a$ を満たす x は a の立方根。

累乗（べき乗）
同じ数の繰り返しの掛け算。

ループ
繰り返し。

例外
実行中にエラーなど問題が起こったことを知らせるもの。Pythonでは例外を扱う機構が備わっている。

連立方程式
2つ以上の未知数を含む2つ以上の方程式の組。

和
数を足したものの合計。足し算（加法）した結果。

割合
全体に対してその値が占める大きさ。

割り当てる
数に文字（シンボル）を割り当てること。

訳者あとがき

『Pythonではじめる数学入門』というタイトルは、遠山啓先生の『数学入門』(岩波新書、1959年)を思い起こさせるようで、少々窮屈なのですが、原著まえがきにあるように、本書は、数学をPythonを使って勉強しようという、世界的に言うと、「Computer Based Math」(CBM)という活動の一環に位置付けられる本です。

遠山先生の『数学入門』は、数や数学の背景に潜む考え方を中心に、数式が余り出てこない本でした。本書も数式はほんの少ししか出てきませんが、考え方の解説よりもPythonのプログラムがどっさり出てきます。そして、プログラムがその扱う数学とどう関係するかを懇切丁寧に述べています。

CBMを主唱しているWolfram Researchという会社はMathematicaという数学のツールを発売していて、PythonではなくWolfram Languageというプログラミング言語を使っていますが、そのサイト http://www.computerbasedmath.org/ を見るとわかるように、本書で述べているようなプログラムで数学するという内容を扱っています。

遠山先生の『数学入門』にも共通するのは、数学で大事なのは、考え方、問題でいえば、解くこと以上に問題を作り出すことが大事だということです。

CBMでは、これまで数学の学習で中心的だった「問題の解」が、コンピュータプログラムに任されます。これは、文系理系を問わず、研究開発の最前線では常識になっていることでもあります。正確に速く計算できること、微分方程式、偏微分方程式、積分方程式などがすいすい解けるに越したことはないですが、大量の計算をこなすには、プログラムの方が適していますから、うまくユーザフレンドリーなプログラムを作り、それを使いこなせるほうが、今や大事な時代になってきています。

AI(人工知能)が人々の代わりをするので、職が無くなるという話題がありますが、計算という活動はそうなりそうです。しかし、Pamela McCorduckの『コンピュータ

は考える』(培風館)という本などでも描かれているように、人間とコンピュータとの関係は、様々に変わってきています。コンピュータができることが増えてきていますが、コンピュータを使って人間ができることも増えています。今後は数学にかぎらず、物理や歴史などもプログラミングとともに学ぶ試みが増えるのではないでしょうか。

参考文献にも載せましたが、統計を学ぶのにPythonを使うとか、ウェブ上のデータ獲得、データ分析、データ処理にPythonを使うということが行われています。Pythonに限らず、他のプログラミング言語でも同様のことができるはずです。

本書では、Pythonの変数を「ラベル」と呼んでいます。他には聞いたことがないので多少躊躇しましたが原書を尊重してそのまま訳しました。また、本書中に断りがありますが、Python 3を使っているので、もし、読者がPython 2.xを使っている場合、出力が違ったり、プログラムが動かないという不具合があると思います。個別の相違点は、あえて訳注を補うなどはしませんでした。

本書を読んで、あるいは、本書を使っての感想や意見を、著者も巻頭の「日本語版まえがき」で述べていますが、私もぜひ知りたいと思っていますのでオライリー・ジャパン宛てにご連絡ください。

最後になりますが、本書翻訳の機会だけでなくサポートいただいたオライリー・ジャパン編集部の赤池涼子さん、質問や誤植の指摘に丁寧に答えてくれた著者のAmit Sahaさん、訳稿をチェックしてくださった千葉県立船橋啓明高等学校の大橋真也先生、藤村行俊さん、大岩尚宏さん、赤池飛雄さんに感謝します。妻の黒川容子にはいつものようにありがとうと言っておきます。

参考文献

本文中でも触れていますが、ここにまとめておきます。

Pythonについての本

- Jason Briggs著、磯蘭水 ほか訳『たのしいプログラミング Pythonではじめよう!』オーム社、2014
- Brett Slatkin著、黒川利明 訳『Effective Python―Pythonプログラムを改良する59項目』オライリージャパン、2016
- Bill Lubanovic著、斎藤康毅 監訳、長尾高弘 訳『入門Python 3』オライリー・ジャパン、2015

- Mark Summerfield 著、斎藤康毅 訳、『実践 Python 3』オライリー・ジャパン、2015
- Guido van Rossum 著、鴨澤眞夫 訳、『Python チュートリアル第 3 版』オライリー・ジャパン、2016

数学の本

- 遠山啓 著『数学入門』(上、下)(岩波新書、1959 年)
- 野崎昭弘 著『はじまりの数学』ちくまプリマー新書187、2012

統計についての本

- Allen Downey 著、黒川利明 訳『Think Bayes―プログラマのためのベイズ統計入門』オライリー・ジャパン、2014
- Allen Downey 著、黒川利明、黒川洋 訳『Think Stats 第 2 版―プログラマのための統計入門』オライリー・ジャパン、2015
- Sarah Boslaugh 著、黒川利明 ほか訳『統計クイックリファレンス第 2 版』、オライリー・ジャパン、2015

アルゴリズムについての本

- George T. Heineman、Gary Pollice、Stanley Selkow 著、黒川利明、黒川洋 訳『アルゴリズムクイックリファレンス』オライリー・ジャパン、2010
- Narasimha Karumanchi 著、黒川利明、木下哲也 訳『入門 データ構造とアルゴリズム』オライリー・ジャパン、2013

データ獲得、分析の本

- Ryan Mtchell 著、黒川利明 訳『Python による Web スクレイピング、オライリー・ジャパン』2016
- Wes McKinney 著、小林儀匡 ほか訳『Python によるデータ分析入門―

NumPy、pandasを使ったデータ処理』オライリー・ジャパン,2013
- C. Rossant、菊池彰 訳『IPythonデータサイエンスクックブック』オライリー・ジャパン、2015

数学とPythonに関するサイト

- Math ∩ Programming (http://jeremykun.com/)
- Computer Based Math (http://www.computerbasedmath.org/)

索引

数字・記号

2次関数 (quadratic function) 58
2次方程式 (quadratic equation)
.... 21-24, 113-114
== (等号演算子) 132
＋ (加算演算子) 2
－ (減算演算子) 2
＊ (乗算演算子) 2
＊＊ (指数演算子) 3
％ (剰余演算子) 3
／ (除算演算子) 2
／／ (整除除算演算子) 2
{ } (波括弧) 130
∩ (積集合) 135
∪ (和集合) 135
∫ (積分) 215
→ (transformation) 169
π (円周率) 138, 158
　　　値の推定 157-158
δ (デルタ) 198
ε (イプシロン) 207, 212-214
θ (シータ) 51
λ (ラムダ) 207, 212-214

A

abs( )関数 8
acos( )関数 192
Anaconda 225-226
animationモジュール 164
append( )メソッド 32
asin( )関数 192
atan( )関数 192
ATMの例 149-150

B

break文 27

C

close( )メソッド 245
cmathモジュール 8
components( )関数 240
cos( )関数 53, 192
Counterクラス 70
csvモジュール 93
　　next( )関数 93
　　reader( )関数 93
CSV (カンマ区切り値) ファイル 91-95

D

Derivativeクラス 199, 202

E

e（ネイピア数）...................................192
elseブロック 244
enumerate( )関数..............................33
exp( )関数 192

F

factor( )関数...................... 102-103, 124
fargsキーワード引数................. 164, 168
fractionsモジュール 5
frames引数 164, 168
FuncAnimationクラス 164-168

I

IDLE... 1, 14
　　新しいプログラム 15
　　対話型シェル 1
　　プログラムの実行 15
imshow( )関数 183
in演算子 130
input( )関数..8
Integralクラス 215
interval引数......................................164
j（虚数）..6

L

legend( )関数................................ 41-42
len( )関数 66
Limitクラス 195
Linux 228-230
log( )関数 192

M

Mac OS X 230-233
mathモジュール 192
matplotlib 34
　　animationモジュール 164
　　Axesオブジェクト 161
　　axis( )関数 45
　　barh( )関数 60
　　Circleパッチ 161
　　colorbar( )関数 187
　　Figureオブジェクト 159, 164
　　FuncAnimationクラス 164-168
　　gca( )関数 161
　　gcf( )関数...................................164
　　imshow( )関数 183
　　legend( )関数 41-42
　　plot( )関数............................. 34, 38
　　Polygonパッチ............................179
　　pylabモジュール 34
　　pyplotモジュール 46
　　savefig( )関数...............................47
　　scatter( )関数 87
　　set_aspect( )メソッド 162
　　show( )関数 34
　　title( )関数 43
　　xlabel( )関数 43
　　ylabel( )関数 43
　　画像の表示 183
　　散布図............................... 84, 87-89
　　軸
　　　　カスタマイズ 44
　　　　自動調整................................162
　　印 36
　　題名 43
　　ドキュメント 255
　　パッチ 159
　　凡例の追加 41-42
　　複数のデータセット 39, 55
　　保存 47-48
　　ラベル..43
max( )関数 77
min( )関数 77

N

__name__ 235-236
NegativeInfinity 220

O

open ( ) 関数..245

P

PEMDAS（演算の順序）.........................3
plot ( ) 関数................................. 34, 118
polynomial ( ) メソッド 127
pylab モジュール 34
pyplot モジュール.......................... 46-47
Python
    IDLE...................................... 1, 14
    インストール
        Linux............................ 228-230
        Mac OS X 230-233
        Windows 226-228
    概要..................................... 235-251
    ドキュメント 253-254

R

random モジュール.............................144
    choice ( ) 関数...............................171
    randint ( ) 関数.................... 144, 187
    random ( ) 関数.............................144
    uniform ( ) 関数...........................157
range ( ) 関数 14, 39, 52
    開始値、停止値、増分値.................14

S

save ( ) 関数 119
set_aspect ( ) メソッド 163
show ( ) 関数 34, 119
sin ( ) 関数............................. 53, 192-193
sum ( ) 関数..66
SymPy
    as_numer_denom ( ) メソッド 127
    Derivative クラス 199
    doit ( ) メソッド 196, 199
    expand ( ) 関数.............................102
    factor ( ) 関数...............................102
    init_printing ( ) 関数 104
    Integral クラス 215
    is_polynomial ( ) メソッド............127
    is_rational_function ( ) メソッド
       127
    Limit クラス.................................195
    plot ( ) 関数..................................116
    Poly クラス 125
    pprint ( ) 関数 103-106
    S クラス..196
    save ( ) 関数 119
    show ( ) 関数 119
    simplify ( ) 関数............................108
    solve ( ) 関数 112-114, 194
    solve_poly_inequality ( ) 関数.....125
    solve_univariate_inequality ( ) 関数
       127
    subs ( ) メソッド.......... 107, 115, 199
    summation ( ) 関数............... 124-125
    Symbol クラス................................99
    symbols ( ) 関数.............................10
    sympify ( ) 関数.......... 110, 128, 201
    SympifyError クラス 111
    仮定...194
    記号演算の定義..............................99
    式の因数分解ª...............................102
    式のプロット 116-123
        複数............................... 121-123
        ユーザ入力 119-121
    ドキュメント 105, 253-254
    不等式を解く................................125
    プリティプリント 103-106

T

tan( )関数 192
title( )関数 43

V

ValueError 10, 13

W

whileループ 27
　　break文でループを抜ける 27
Windowsへのインストール 226-228

Z

ZeroDivisionError 12, 243-244
zip( )関数 83

あ行

アスペクト比 (aspect ratio) 162
アトラクタ (attractor) 183
アニメーション (animation)
　　大きくなる円 163-165
　　投射軌跡 166-168
アンスコムの4つ組 (Anscombe's
　　quartet) 88
イプシロン (epsilon、ε) 207, 212-214
因果 (causation) 81
　　整数の因数を計算 13-15
　　ファインダ 124
因数分解 (factorize) 99
　　式 102-103
インストール (installation)
　　Linux 228-230
　　Mac OS X 230-233
　　Windows 226-228
インデックス (index) 31, 33

インポート (import) 6
エノン関数 (Henon's function) .. 182-183
円 (circle)
　　アニメーション 163-165
　　推定領域 156-158
　　正方形に円を詰める 179-180
　　描画 161-163
演算の順序 (order of operations、
　　PEMDAS) 3
黄金比 (golden ratio) 62-63

か行

確率 (probability) 140-150, 217-220
　　一様分布 141
　　確率変数 154
　　確率密度関数 217-220
　　期待値 154
　　大数の法則 154
　　非一様確率 175
　　非一様乱数 148-150
　　変数 154
　　乱数の生成 144-147
　　連続確率変数 217
数 (number)
　　abs( )関数 8
　　float( )関数 5
　　Fractionクラス 5, 6
　　fractionsモジュール 5
　　int( )関数 5
　　is_integer( )メソッド 11
　　type( )関数 4
　　一般的な数の集合 134-135
　　型 4-8
　　型の変換 5
　　整数 4-5
　　複素数 .... 複素数を参照
　　浮動小数点 4-5
　　有理数、無理数、実数 134-135
　　乱数 .... 乱数を参照

関数 (function) 191
　　ある点での連続性を検証...............221
　　一般 192-193
　　確率密度関数 217-220
　　極限 195-199
　　極値 202-205
　　高階微分.............................. 202-205
　　積分 215-217
　　値域 192
　　定義域..192
　　微分 199-202
カンマ区切り値 (comma-separated
　value：CSV) ファイル 91-95
キー (key) 238, 241
幾何図形 (geometric shape) 159-168
幾何変換 (geometric transformations)
　...169
奇数偶数自動判別プログラム (even-odd
　vending machine) 24-25
軌跡 (trajectory)
　　描く 53-55
　　比較 55-56, 58
逆微分 (antiderivative) 215
級数 (series)
　　値を計算 108-110
　　出力 105-106
　　和 124-125
極限 (limit) 195
局所最小値と最大値 (local maxima and
　minima) 202-205
曲線 (curve)
　　囲まれた領域 222
　　長さ 223-224
極大極小 (maxima and minima)
　.................................... 202-205
極値 (extrema) 202-205
空リスト (empty list) 32
グラフ (graph) 34
　　matplotlibでグラフを作る 34-48
　　画像として保存................... 47-48

気温データの例 37-46
題名とラベルをカスタマイズ43-46
点を作る 35-36
計算 (calculus) .... 関数を参照
高階微分 (higher-order derivatives)
　... 202-205
硬貨投げ (coin toss) 148-149, 155
公差 (common difference) 125
勾配降下法 (gradient descent method)
　.. 215, 221-222
勾配上昇法 (gradient ascent method)
　... 205-209
コードの再利用 (reusing code)
　... 250-251

さ行

サイコロ投げ (die roll)
　　ゲーム 145-146
　　シミュレーション 144-145
　　大数の法則 154
　　目標点数は可能か 146-147
最頻値 (mode) 71-73
散布図 (scatter plot) 84, 87-89
シェルピンスキーの三角形 (Sierpiński
　triangle) 181-182
式 (expression) 102-112
　　値に代入 107-110
　　因数分解と展開..................... 102-103
　　乗算 111-112
　　プリティプリント 103-106
　　プロットする 116-123
　　　　複数 121-123
　　　　ユーザ入力 119-121
　　文字列を数式に変換 110-112
式の計算 (symbolic math) 99
支出 (expenses) 59-60
辞書 (dictionary) 107-108, 238-241
事象 (event) 140
実験 (experiment) 140

写像 (mappint) 191
集合 (set).................................. 129-140
 EmptySet オブジェクト 131
 FiniteSet オブジェクト 130
 FiniteSet クラス 130
 intersect( ) メソッド 135
 is_subset( ) メソッド 132
 is_superset( ) メソッド 133
 powerset( ) メソッド.......................133
 union( ) メソッド................. 135-136
 ある数が集合にあるかチェックする
 130
 演算................................. 135-140
  重力の例..................... 139-140
  直積........................... 136-137
  変数の複数集合に公式を適用..137
  和集合と積集合......................135
 共通 135
 空集合の生成..............................131
 構成................................. 130-132
 生成 131
 相関............................... 81-86
 重複と順序 131-132
 濃度...130
 部分集合、上位集合、べき集合
 132-134
 ベン図............................... 151-154
 要素を繰り返す..........................132
出力のフォーマット (formatting output)
16
 format( ) 16
 print( ) 関数 1
 桁数...17
乗算表 (multiplication table) .. 16-18, 25
剰余演算子 (modulo operator、%) 3
数学演算 (mathematical operation) .. 1-3
 指数演算子 (**)...............................3
 剰余演算子 (%).......................... 3, 13
 整数除算演算子 (//)..........................2
数学記号 (symbolic math) 99

数式乗算 (multiplying expressions)
 111-112
数直線 (number line) 29
数列 (series)
 等差...125
 フィボナッチ............................ 62-63
ステップサイズ (step size)
 .... 207, 212-214
整数除算演算子 (floor division operator)
2
セイヨウメシダ (Lady ferns) 174
積 (intersection) 135
積分 (integral) 215
全体最大値と最小値 (global maxima and
 minima) 202-215
相関係数 (correlation coefficient)
 .... 81-84, 95
添字 (index)................................. 31, 33
測定単位 (units of measurement)
 .... 19-21, 25
ソフトウェアのインストール (software
 installation)
 Linux................................... 228-230
 Mac OS X............................ 230-233
 Windows 226-228

た行

代数式 (algebraic expressions)
 .... 99, 120
 値を代入....................................107
 解く...112
大数の法則 (law of large numbers) 154
多項式 (polynomial expressions)
 125-126
タプル (tuple)............................... 31-33
 空...33
 要素を繰り返す..........................132
値域 (range) 192
中央値 (median) 67-69

直積（Cartesian product）
.... 136-137, 147
散らばり（dispersion）..................... 76-80
　　範囲を決める 76-77
　　分散と標準偏差........................ 77-80
定義域（domain）................................191
定積分（definite integral）
.... 215-217, 220
データ（data）............ 集合、統計量も参照
　　散らばりを図る........................ 76-80
　　ファイルからの読み込み........... 89-95
デカルト座標（Cartesian coordinates）
.... 29-30
点の変換（transformation of a point）
....169
統計量（statistical measure）
　　最頻値................................... 70-76
　　相関係数............................. 81-86, 93
　　　　計算................................. 81-84
　　　　高校の成績の例................... 84-86
　　中央値................................... 67-69
　　散らばり.................................. 76-80
　　度数分布表............................. 73-76
　　　　グループ.............................. 96-97
　　パーセンタイル.............................96
　　範囲................................... 76-77
　　ピアソンの相関係数 81
　　百分位..96
　　標準偏差.................................. 77-80
　　分散.. 77-80
　　平均.. 65-67
等差数列（arithmetic progression）.....125
投射運動（projectile motion）
.... 50, 205-209
　　アニメーション..............................166
　　軌跡を描く 53, 58-59
度数分布表（frequency table）........ 73-76
トランプ（cards）................... 155-156

な行

ニュートンの万有引力の法則（Newton's
　law of universal gravitation）..... 48-50
ネイピア数（Napier's constant）.........192
濃度（cardinality）..............................130

は行

バーンスレイのシダ（Barnsley fern）
.... 174-178
パッケージ（package）.........................34
範囲（range）................................ 76-77
万有引力（universal gravitation）... 48-50
ピアソンの相関係数（Pearson correlation
　coefficient）......................................81
微分（derivative）....................... 199-205
　　高階..................................... 202-205
　　電卓..................................... 200-201
　　偏微分...201
標準偏差（standard deviation）....... 77-80
標本空間（sample space）....................140
ファイルオブジェクト（file object）......90
ファイルからのデータ読み込み（reading
　data from files）........................ 89-95
　　CSVファイル........................... 91-95
　　テキストファイル 89-90
ファイル処理（file handling）
　　close( )メソッド 245
　　open( )関数................................245
　　readlines( )メソッド....................246
　　エラー処理......................... 247-250
　　ファイル名を入力で指定..............247
　　ファイル読み込み 245-246
フィボナッチ数列（Fibonacci sequence）
.... 62-63
複素数（complex number）.................. 6-7
　　cmathモジュール...............................8
　　complex( )関数................................7
　　conjugate( )関数............................7

共役 7
実部と虚部 7
絶対値 7
足し算と引き算 7
複素数の解 24
マンデルブロ集合 183-189
不定積分 (indefinite integral) 215
不等式 (inequality) 125-127
負の添字 (negative index) 32
フラクタル (fractal) 168-178
エノン関数 182-183
シェルピンスキーの三角形 ... 181-182
点の変換 169-174
バーンスレイのシダ 174-178
マンデルブロ集合 183-189
プリティプリント (pretty printing)
 103-106
プログラムの終了オプション (exit option,
 for programs) 26-28
プログラムの終了を制御 (controlling
 program exit) 26
プロジェクト・オイラー (Project Euler)
253
プロット (plotting)
 SymPy 116-123
 画像ファイルとして保存... 47-48, 119
 式 48-56, 116-123
  複数 121-123
  ユーザ入力 119-121
 投射運動 50-56
分散 (variance) 77-80
分数 (fraction) 5-6
 計算 25-26
分布 (distribution)
 一様分布 141
 度数分布表 70
平均 (mean) 65-67
変化率 (rate of change) 198
ベン図 (Venn diagram) 151-154
変数 (variable) 4, 192

非線形関係 50
偏微分 (partial derivative) 201
棒グラフ (bar chart)
 支出 59-60
 例 60-62
方程式 (equation) 21-24, 112-116
 2次方程式 21-24, 113-114
 solve() 関数 112-116, 194, 214
 グラフを使う 124
 線形 22
 変数について解く 114-115
 連立方程式 115

ま行

マンデルブロ集合 (Mandelbrot set)
 183-189
無限大 (infinity) 196, 219
無限ループ (infinite loop) 26
モジュール (module) 5
 インポート 6
文字列 (string) 8
 format() メソッド 16
 int() と float() 8
文字列を数式に変換する (strings to
 mathematical expressions) 110
戻り値 (return value) 240-242

や行

ユーザ入力 (user input)
 complex() 関数 12
 input() 関数 8
 受け取る 8-13
 分数 12
 例外と不当入力の処理 10-11

ら行

ラベル (label) 4

乱数（random number）
　　ATMの例 149-150
　　硬貨投げ 148-149, 155
　　サイコロ投げ 145-147
　　生成 144-147
　　トランプを切る 155-156
　　非一様 148-150
離散確率（discrete probability）
　　... 140-150
リスト（list） 31-33
　　len( )関数 66
　　max( )関数 77
　　min( )関数 77
　　sort( )メソッド 69
　　sum( )関数 66
　　zip( )関数 83
　　空リスト 32
　　集合の生成 131
　　全要素を繰り返す 33
　　添字 31
　　要素としてのタプル 70
　　要素をランダムに選ぶ 171-172
　　リスト内包表記 236-238

リストに追加 32
リストのリスト 185-187
領域（area）
　　2曲線に囲まれた領域 222
　　円の領域の推定 156-158
臨界点（critical point） 203
例外処理（exception handling）
　　... 10, 242-250
　　try...exceptブロック 10, 242
　　try...except...else 244
　　ValueError 10, 13
　　ZeroDivisionError 12, 243-244
　　ファイル読み込みエラー 247-250
　　複数の例外型 243-244
連続複利（continuous compound
　　interest） 197-198
連立方程式（system of equations）
　　... 115-116

わ行

和集合（union） 127, 135-136

●著者紹介

Amit Saha（アミット・サハ）
Red Hat、Sun Microsystemsに勤務経験があるソフトウェアエンジニア。科学および教育ユーザ向けのLinuxディストリビューション Fedora Scientificの開発、管理を担当。著書に『Write Your First Program』(Prentice Hall Learning) がある。

●訳者紹介

黒川 利明（くろかわ としあき）
1972年、東京大学教養学部基礎科学科卒。東芝㈱、新世代コンピュータ技術開発機構、日本IBM、㈱CSK（現SCSK㈱）、金沢工業大学を経て、2013年よりデザイン思考教育研究所主宰。
過去に文部科学省科学技術政策研究所客員研究官として、ICT人材育成やビッグデータ、クラウド・コンピューティングに関わり、現在情報規格調査会SC22 C#、CLI、スクリプト系言語SG主査として、C#、CLI、ECMAScript、JSONなどのJIS作成、標準化に携わっている。他に、IEEE SOFTWARE Advisory Boardメンバー、日本規格協会規格開発エキスパート、標準化アドバイザー、町田市介護予防サポーター、次世代サポーター、カルノ㈱データサイエンティスト、ICES創立メンバー、画像電子学会国際標準化教育研究会委員長として、データサイエンティスト教育、デザイン思考教育、標準化人材育成、地域学習支援活動などに関わる。
著書に、『Service Design and Delivery－How Design Thinking Can Innovate Business and Add Value to Society』(Business Expert Press)、『クラウド技術とクラウドインフラ－黎明期から今後の発展へ』（共立出版）、『情報システム学入門』（牧野書店）、『ソフトウェア入門』（岩波書店）、『渕一博－その人とコンピュータ・サイエンス』（近代科学社）など。訳書に『Python計算機科学新教本　新訂版問題を解決する探索アルゴリズム、k平均法、ニューラルネットワーク』、『PythonによるWebスクレイピング第2版』、『Modern C++チャレンジ』、『問題解決のPythonプログラミング－数学パズルで鍛えるアルゴリズム的思考』、『データサイエンスのための統計学入門－予測、分類、統計モデリング、統計的機械学習とRプログラミング』、『Rではじめるデータサイエンス』、『Effective Debugging』、『Optimized C++－最適化、高速化のためのプログラミングテクニック』、『Cクイックリファレンス第2版』、『Pythonからはじめる数学入門』、『PythonによるWebスクレイピング』、『Effective Python－Pythonプログラムを改良する59項目』、『Think Bayes－プログラマのためのベイズ統計入門』（オライリー・ジャパン）、『pandasクックブック－Pythonによるデータ処理のレシピ』（朝倉書店）、『メタ・マス！』（白揚社）、『セクシーな数学』（岩波書店）、『コンピュータは考える［人工知能の歴史と展望］』（培風館）など。共訳書に『アルゴリズムクイックリファレンス第2版』、『Think Stats第2版－プログラマのための統計入門』、『統計クイックリファレンス第2版』、『入門データ構造とアルゴリズム』、『プログラミングC#第7版』（オライリー・ジャパン）、『情報検索の基礎』、『Google PageRankの数理』（共立出版）など。

Pythonからはじめる数学入門

2016年 5 月20日　初版第 1 刷発行
2019年 7 月 5 日　初版第 5 刷発行

著　　　者	Amit Saha（アミット・サハ）
訳　　　者	黒川 利明（くろかわ としあき）
発 行 人	ティム・オライリー
制　　　作	ビーンズ・ネットワークス
印刷・製本	株式会社平河工業社
発 行 所	株式会社オライリー・ジャパン

〒160-0002　東京都新宿区四谷坂町12番22号
Tel　（03）3356-5227
Fax　（03）3356-5263
電子メール　japan@oreilly.co.jp

発 売 元　株式会社オーム社
〒101-8460　東京都千代田区神田錦町3-1
Tel　（03）3233-0641（代表）
Fax　（03）3233-3440

Printed in Japan (ISBN978-4-87311-768-3)
乱丁本、落丁本はお取り替え致します。

本書は著作権上の保護を受けています。本書の一部あるいは全部について、株式会社オライリー・ジャパンから文書による許諾を得ずに、いかなる方法においても無断で複写、複製することは禁じられています。